我们爱科学 中小学科普
分级阅读书系

第一辑 · 注音彩绘版

植物妈妈有办法

张 冲 / 主编　　戴巴棣 / 著

长江出版传媒 | 湖北教育出版社

图书在版编目(CIP)数据

植物妈妈有办法 / 戴巴棣著. —武汉：湖北教育出版社，2022.11（2023.7 重印）
（“我们爱科学”中小学科普分级阅读书系 / 张冲主编. 第一辑）
ISBN 978-7-5564-4785-5

Ⅰ. ①植… Ⅱ. ①戴… Ⅲ. ①植物－儿童读物
Ⅳ. ①Q94-49

中国版本图书馆 CIP 数据核字(2021)第 162158 号

“WOMEN AI KEXUE” ZHONG-XIAO XUE KEPU FENJI YUEDU SHUXI(DI-YI JI) · ZHIWU MAMA YOU BANFA
“我们爱科学”中小学科普分级阅读书系（第一辑）· 植物妈妈有办法

出品人 方 平
策　划 柯尊文 刘书慧
执行策划 杨文婷 许 梅
整体设计 一超惊人文化 牛 红
绘　画 一超惊人文化
责任编辑 孙亦君
责任校对 王艳波
责任督印 张遇春

出版发行 长江出版传媒 430070 武汉市雄楚大道 268 号
湖北教育出版社 430070 武汉市雄楚大道 268 号
经　销 新华书店
网　址 http: //www.hbedup.com
印　刷 武汉市籍缘印刷厂
地　址 武汉市洪山区青菱都市工业园白沙洲中小企业城二期 29 幢
开　本 880mm × 1230mm 1/32
印　张 4.5
字　数 110 千字
版　次 2022 年 11 月第 1 版
印　次 2023 年 7 月第 3 次印刷
书　号 ISBN 978-7-5564-4785-5
定　价 25.00 元

前　言

在日新月异的科技发展面前,“将来当个科学家”已经逐渐成为无数中国孩子的梦想。为了助力孩子们实现自己的“科学梦”,我们编选了这套丛书。

丛书汇集了张秋生、嵇鸿、程宏明、冰波、戴巴棣、彭万洲、林颂英、滕毓旭、鲁冰等著名作家的科学启蒙名篇佳作,并对作品所蕴含的科学知识、科学道理、科学思维、科学精神进行了简要点评,引导孩子们走近科学,热爱科学,探索科学。

兴趣是最好的老师,丛书以美妙的语言、可爱的人物、生动的故事描绘美妙的科学王国,必将激发孩子们的好奇心和想象力,增强其科学兴趣、创新意识和探究能力,让他们成为一个个科学“小达人”。

希望孩子们能喜爱这套丛书。

张冲

目录 CONTENTS

zhí wù mā ma yǒu bàn fǎ
植物妈妈有办法

hái zi rú guǒ yǐ jīng zhǎng dà
孩子如果已经长大，

jiù děi gào bié mā ma sì hǎi wéi jiā
就得告别妈妈，四海为家。

niú mǎ yǒu jiǎo niǎo yǒu chì bǎng
牛马有脚，鸟有翅膀，

zhí wù lǚ xíng kào shén me bàn fǎ
植物旅行靠什么办法？

pú gōng yīng mā ma zhǔn bèi le jiàng luò sǎn
蒲公英妈妈准备了降落伞，
bǎ tā sòng gěi zì jǐ de wá wa
把它送给自己的娃娃。
zhǐ yào yǒu fēng qīng qīng chuī guò
只要有风轻轻吹过，
hái zi men jiù chéng zhe fēng fēn fēn chū fā
孩子们就乘着风纷纷出发。

cāng ěr mā ma yǒu gè hǎo bàn fǎ
苍耳妈妈有个好办法，
tā gěi hái zi chuān shàng dài cì de kǎi jiǎ
她给孩子穿上带刺的铠甲。
zhǐ yào guà zhù dòng wù de pí máo
只要挂住动物的皮毛，
hái zi men jiù néng qù tián yě shān wā
孩子们就能去田野、山洼。

wān dòu mā ma gèng yǒu bàn fǎ
豌豆妈妈更有办法，
tā ràng dòu jiá shài zài tài yáng dǐ xia
她让豆荚晒在太阳底下。
pā de yì shēng dòu jiá zhà kāi
啪的一声，豆荚炸开，
hái zi men jiù bèng zhe tiào zhe lí kāi mā ma
孩子们就蹦着跳着离开妈妈。

shí liu mā ma de dǎn zi tǐng dà
石榴妈妈的胆子挺大，
tā bú pà xiǎo niǎo chī diào wá wa
她不怕小鸟吃掉娃娃。
wá wa zài niǎo dù zi lǐ shuì shàng yí jiào
娃娃在鸟肚子里睡上一觉，
jiù huì zuān chū lái luò hù ān jiā
就会钻出来落户安家。

zhí wù mā ma de bàn fǎ hěn duō hěn duō
植物妈妈的办法很多很多，
bú xìn nǐ jiù zǐ xì guān chá
不信你就仔细观察。
nà lǐ yǒu xǔ xǔ duō duō de zhī shi
那里有许许多多的知识，
cū xīn de xiǎo péng you què dé bú dào tā
粗心的小朋友却得不到它。

科学真奇妙

yì xiē zhí wù bù yī lài tā rén bāng zhù tā men kào zì lì gēng shēng lái wán chéng zhǒng zi de chuán bō máo shì hé dà yè shān lǎn de guǒ shí huò zhǒng zi chéng shú hòu huì yuè lái yuè zhòng zhí jiē diào luò dào dì miàn shēng zhǎng yě yàn mài zhǒng zi kě yǐ zì jǐ pá jìn tǔ lǐ yě yàn mài zhǒng zi de wài ké shàng yǒu yì gēn cháng máng tā huì gēn jù kōng qì shī dù de biàn huà xuán zhuǎn huò shēn zhí tóng shí zhǒng zi jiù huì yì diǎn yì diǎn de xiàng qián nuó dòng yí dàn pèng dào fèng xì biàn zuān jìn qù dì èr nián jiù huì shēng gēn fā yá

一些植物不依赖他人帮助，它们靠“自力更生”来完成种子的传播。毛柿和大叶山榄的果实或种子成熟后会越来越重，直接掉落到地面生长。野燕麦种子可以自己“爬”进土里。野燕麦种子的外壳上有一根长芒，它会根据空气湿度的变化旋转或伸直，同时种子就会一点一点地向前挪动，一旦碰到缝隙便钻进去，第二年就会生根发芽。

qiān zī bǎi tài de shuì xiàng
千姿百态的睡相

rén rén dōu tǎng zhe shuì jiào
人人都躺着睡觉，
mǎ ér què zhàn zhe shuì jiào
马儿却站着睡觉。
bàn yè lǐ fēng chuī cǎo dòng
半夜里风吹草动，
sā kāi tuǐ mǎ shàng jiù pǎo
撒开腿马上就跑。

rén shuì jiào bì zhe yǎn jing
人睡觉闭着眼睛，
yú shuì jiào yǎn jing zhēng dà
鱼睡觉眼睛睁大。
zhēng zhe yǎn zuò zhe měi mèng
睁着眼做着美梦，
bù zhī shuō bù shuō mèng huà
不知说不说梦话。

māo tóu yīng wǎn shang gōng zuò
猫头鹰晚上工作，
dà bái tiān tā yào shuì jiào
大白天他要睡觉。
yì zhī yǎn shuì jiào shí bì zhe
一只眼睡觉时闭着，

yì zhī yǎn yī rán zài fàng shào
一只眼依然在放哨。

běi jí xióng shēng huó zài běi jí
北极熊生活在北极，
tā bú pà dì dòng tiān hán
他不怕地冻天寒。
xià tiān lǐ běi jí xióng chū mò
夏天里北极熊出没，
dōng mián shuì yì zhěng gè dōng tiān
冬眠睡一整个冬天。

biān fú shuì jiào de shí hou
蝙蝠睡觉的时候，
dào guà zài dòng dǐng de shí fèng
倒挂在洞顶的石缝。
shuāng yì jǐn guǒ zhe nǎo dai
双翼紧裹着脑袋，
jiù xiàng shì hēi sè de dǒu peng
就像是黑色的斗篷。

yě yā shuì jiào de shí hou
野鸭睡觉的时候，
xiǎo nǎo dai zuān jìn chì bǎng
小脑袋钻进翅膀。
yí gè gè méng tóu dà shuì
一个个蒙头大睡，
fǎn zhèng yǒu shào bīng zhàn gǎng
反正有哨兵站岗。

hóu shuì jiào wěi ba gōu shù
猴睡觉尾巴钩树；
shé shuì jiào pán chéng yì tuán
蛇睡觉盘成一团；
dān dǐng hè jīn jī dú lì
丹顶鹤金鸡独立；
gǒu shuì jiào ěr tiē dì bǎn
狗睡觉耳贴地板。

dòng wù yǒu qiān zī bǎi tài
动物有千姿百态，
gè yǒu gè de shuì xiàng
各有各的睡相。
rú guǒ nǐ yè yóu dòng wù yuán
如果你夜游动物园，
bù fáng qù qīn yǎn kàn yi kàn
不妨去亲眼看一看。

科学真奇妙

hǎi tún shì yòng fèi hū xī de bǔ rǔ dòng wù què zǒng shì zài bù tíng de sì
海豚是用肺呼吸的哺乳动物，却总是在不停地四
chù yóu dòng nán dào tā men bú yòng shuì jiào xì xīn guān chá hòu nǐ huì fā xiàn
处游动。难道它们不用睡觉？细心观察后你会发现，
tā men zài yóu yǒng shí yǒu shí yě huì bì shàng qí zhōng yì zhī yǎn jing yuán lái hǎi
它们在游泳时，有时也会闭上其中一只眼睛。原来，海
tún yě shuì jiào zhǐ shì yǔ qí tā dòng wù bù yí yàng shì yì zhǒng bàn nǎo shì shuì
豚也睡觉，只是与其他动物不一样，是一种半脑式睡
mián jí dà nǎo yí bù fen xiū xi lìng yí bù fen hái zài gōng zuò
眠，即大脑一部分休息，另一部分还在工作。

sì bú xiàng
四 不 像

lán lan hóng hong shì shuāng bāo tāi
岚岚虹虹是双胞胎，
shuāng bāo tāi zhǎng de bù yí yàng
双胞胎长得不一样。
lán lan de yǎn jing xiàng bà ba
岚岚的眼睛像爸爸，
hóng hong de jiǔ wō xiàng mā ma
虹虹的酒窝像妈妈。

xīng qī tiān qù dòng wù yuán
星期天去动物园，
yǒu yì zhǒng dòng wù gèng hǎo wán
有一种动物更好玩。
tā de míng zi jiào mí lù
它的名字叫麋鹿，
wài hào què jiào sì bú xiàng
外号却叫“四不像”。

tā liǎn xiàng mǎ bú shì mǎ
它脸像马不是马，
tā jiǎo xiàng lù bú shì lù
它角像鹿不是鹿，
tí zi xiàng niú bú shì niú
蹄子像牛不是牛，

wěi ba xiàng lǘ bú shì lǘ
尾巴像驴不是驴。

mí lù de gù xiāng zài zhōng guó
麋鹿的故乡在中国，
lì shǐ hé zhōng guó yí yàng cháng
历史和中国一样长。
chuán shuō jiāng tài gōng bù qí mǎ
传说姜太公不骑马，
qí zhe mí lù zǒu sì fāng
骑着麋鹿走四方。

zhōng guó lì shǐ shàng kǔ nàn duō
中国历史上苦难多，
mí lù gēn zhe zāo le yāng
麋鹿跟着遭了殃。
bā guó lián jūn shā jìn chéng
八国联军杀进城，
mí lù cóng cǐ bèi qiǎng guāng
麋鹿从此被抢光。

dōng fāng hóng tài yáng liàng
东方红，太阳亮，
zhōng guó jué qǐ zài dōng fāng
中国崛起在东方。
hǎi wài de mí lù huí zhōng guó
海外的麋鹿回中国，
jiù xiàng gū ér fǎn gù xiāng
就像孤儿返故乡。

mí lù de gù shi duō yòu duō
麋鹿的故事多又多，

mí lù de gù shi cháng yòu cháng
麋鹿的故事长又长，

tīng wán gù shi xiě zuò wén
听完故事写作文，

míng zi jiù jiào sì bú xiàng
名字就叫《四不像》。

科学真奇妙

mí lù shì zhōng guó tè yǒu de zhēn xī dòng wù tā men qǐ yuán yú duō
麋鹿是中国特有的珍稀动物。它们起源于 200 多

wàn nián qián shù liàng zuì duō shí dá shàng yì zhī dào qīng cháo mò nián zuì hòu yì qún
万年前，数量最多时达上亿只。到清朝末年，最后一群

mí lù bèi bǎo liú zài běi jīng nán hǎi zi huáng jiā liè yuàn zhōng jǐn shèng zhī zuǒ
麋鹿被保留在北京南海子皇家猎苑中，仅剩 120 只左

yòu nián bā guó lián jūn qīn rù běi jīng jiāng zhè xiē mí lù quán bù zhuāng chuán
右。1900 年，八国联军侵入北京，将这些麋鹿全部装船

yùn zǒu zì cǐ mí lù zài zhōng huá dà dì shàng jué jì nián zài shì jiè yě
运走，自此麋鹿在中华大地上绝迹。1985 年，在世界野

shēng dòng wù jī jīn huì de xié tiáo xià mí lù chóng xīn huí dào gù xiāng zhōng guó
生动物基金会的协调下，麋鹿重新回到故乡中国。

xíng xíng sè sè de niú
形形色色的牛

rén hé niú yì qǐ shēng huó
人和牛一起生活，

jù shuō yǐ yǒu jǐ qiān nián
据说已有几千年。

rén men yòng niú lí dì
人们用牛犁地；

rén men yòng niú lā chē
人们用牛拉车。

huáng niú shēng huó zài àn shàng
黄牛生活在岸上，
shuǐ niú zuì xǐ huan zhǎo zé
水牛最喜欢沼泽。
zhǐ yīn wèi hàn xiàn hěn shǎo
只因为汗腺很少，
cái duǒ zài shuǐ lǐ sàn rè
才躲在水里散热。

rǔ niú mù chǎng lǐ sàn bù
乳牛牧场里散步，
chī bǎo le shài shai tài yáng
吃饱了晒晒太阳。
quán shì jiè duō shao yīng ér
全世界多少婴儿，
xǐ huan yòng niú nǎi wèi yǎng
喜欢用牛奶喂养。

máo niú de lǎo jiā zài gāo yuán
牦牛的老家在高原，
yì shēn cháng máo guò xī
一身长毛过膝。
tā bú pà kōng qì xī bó
他不怕空气稀薄，
yě bú pà tiān qì yán hán
也不怕天气严寒。

hǎi niú de lǎo jiā zài hǎi yáng
海牛的老家在海洋，
mú yàng fēi cháng nán kàn
模样非常难看。
què shuō tā jiù shì měi rén yú
却说她就是美人鱼，
yòng gē shēng bǎ rén cuī mián
用歌声把人催眠。

bié yǐ wéi niú jiǎo shēng liǎng biān
别以为牛角生两边，
xī niú jiǎo què zhǎng zài zhōng jiān
犀牛角却长在中间。
huó zhe shì xī lì de wǔ qì
活着是犀利的武器，
sǐ le shì zhēn guì de yào cái
死了是珍贵的药材。

bié yǐ wéi niú dōu sì tiáo tuǐ
别以为牛都四条腿，
wō niú tā kě méi yǒu tuǐ
蜗牛他可没有腿。
bèi shàng tuó zhe xiǎo fáng zi
背上驮着小房子，
lèi le duǒ jìn fáng lǐ shuì
累了躲进房里睡。

bié yǐ wéi niú dōu bú huì fēi
别以为牛都不会飞，

tiān niú jiù néng tiān shàng fēi
天牛就能天上飞，
zhuān mén zài shù gàn shàng dǎ dòng dong
专门在树干上打洞洞，
shì cán hài sēn lín de hài chóng
是残害森林的害虫。

qí qí guài guài de dòng wù
奇奇怪怪的动物，
wèi shá dōu xǐ huan chēng wéi niú
为啥都喜欢称为牛。
tā men yǒu de zhēn shì niú
他们有的真是牛，
yǒu de jǐn jǐn shì chuī niú
有的仅仅是吹牛。

科学真奇妙

qì hòu yán hán de běi jí fù jìn yǒu yì zhǒng shè niú tǐ xíng jiào dà dī
气候严寒的北极附近，有一种麝牛，体型较大，低
ǎi cū zhuàng shè niú zài yù dào tiān dí běi jí láng hé běi jí xióng shí bú xiàng yě
矮粗壮。麝牛在遇到天敌北极狼和北极熊时，不像野
niú nà yàng luàn pǎo ér shì hǎo duō tóu gōng niú mǔ niú jiān bìng jiān de bǎ niú dú wéi
牛那样乱跑，而是好多头公牛、母牛肩并肩地把牛犊围
zài zhōng jiān tóu yí zhì cháo wài miàn duì zhe dí rén yǒu shí fèn nù de shè niú hái
在中间，头一致朝外，面对着敌人。有时愤怒的麝牛还
huì chōng chū fáng yù quān zhǔ dòng xiàng tiān dí fā qǐ jìn gōng nòng de běi jí láng hé běi
会冲出防御圈，主动向天敌发起进攻，弄得北极狼和北
jí xióng cháng cháng wú jì kě shī
极熊常常无计可施。

zhī liǎo de qīn qi

知了的亲戚

hé biān liǔ zhī suí fēng yáo
河边柳枝随风摇，
yí kuài hēi bǎn shù shàng guà
一块黑板树上挂。
zhī liǎo bó shì xué wen hǎo
知了博士学问好，
tīng jiǎng de zhī liǎo wū yā yā
听讲的知了乌压压。

niǎo yǒu niǎo de qīn qi
鸟有鸟的亲戚，
yú yǒu yú de qīn qi
鱼有鱼的亲戚。
zhī liǎo de qīn qi jiào kūn chóng
知了的亲戚叫昆虫，
kūn chóng duō de shǔ bù qīng
昆虫多得数不清。

zhī liǎo yǒu líng qiǎo de chì bǎng
知了有灵巧的翅膀，

zhī liǎo yǒu jiān jiān de zuǐ ba
知了有尖尖的嘴巴。

zhī liǎo dōu yǒu liù tiáo xì tuǐ
知了都有六条细腿，

néng shàng xià zuǒ yòu zì rú de pá
能上下左右自如地爬。

zhú jié chóng zhǎng de xiàng zhú gān
竹节虫 长得像竹竿，

kū yè dié zhǎng de xiàng kū yè
枯叶蝶长得像枯叶。

tā men dōu zhǎng zhe liù tiáo tuǐ
他们都长着六条腿，

tā men shì zhī liǎo de qīn qi
他们是知了的亲戚。

xī shuài zhǎng zhe dà bǎn yá
蟋蟀长着大板牙，

táng láng pèi zhe liǎng bǎ dāo
螳螂佩着两把刀。

tā men dōu yǒu liù tiáo tuǐ
他们都有六条腿，

tā men yě shì zhī liǎo de qīn qi
他们也是知了的亲戚。

xiǎo mǎ yǐ ài láo dòng
小蚂蚁，爱劳动。

xiǎo mì fēng huì cǎi mì
小蜜蜂，会采蜜。

tā men dōu yǒu liù tiáo tuǐ
他们都有六条腿，

tā men shì zhī liǎo de hǎo qīn qi
他们是知了的好亲戚。

wén zi xī xuè hǎo ě xin
蚊子吸血好恶心，

cāng ying hěn zāng chuán jí bìng
苍蝇很脏传疾病。

tā men yě yǒu liù tiáo tuǐ
他们也有六条腿，

tā men shì zhī liǎo de huài qīn qi
他们是知了的坏亲戚。

zhī zhū mú yàng xiàng mǎ yǐ
蜘蛛模样像蚂蚁，

tā men zhǎng zhe bā tiáo tuǐ
他们长着八条腿。
xì cháng de wú gōng tuǐ gèng duō
细长的蜈蚣腿更多，
tā men hé zhī liǎo méi gān xì
他们和知了没干系。

niǎo yǒu niǎo de qīn qi
鸟有鸟的亲戚，
yú yǒu yú de qīn qi
鱼有鱼的亲戚。
ruò wèn shuí de qīn qi duō
若问谁的亲戚多，
zhī liǎo de qīn qi shǔ dì yī
知了的亲戚数第一。

科学真奇妙

kūn chóng shì shì jiè shàng zuì fán shèng de dòng wù mù qián yǐ fā xiàn duō wàn zhǒng bǐ suǒ yǒu qí tā dòng wù de zhǒng lèi jiā qǐ lái dōu duō kūn chóng de shēn tǐ fēn wéi tóu xiōng fù sān bù fen chéng chóng tōng cháng yǒu liǎng duì chì hé liù tiáo tuǐ
昆虫是世界上最繁盛的动物，目前已发现100多万种，比所有其他动物的种类加起来都多。昆虫的身体分为头、胸、腹三部分，成虫通常有两对翅和六条腿。

yíng huǒ chóng hé ān kāng
萤火虫和鮟鱇

yíng huǒ chóng shēng huó zài cǎo cóng
萤火虫生活在草丛，
ān kāng shēng huó zài hǎi dǐ
鮟鱇生活在海底。
niú tóu qǐ néng duì mǎ zuǐ
牛头岂能对马嘴，
tā liǎ yǒu shén me lián xì
他俩有什么联系？

yíng huǒ chóng bú lùn cí xióng
萤火虫不论雌雄，
wěi bù dōu yǒu fā guāng xì bāo
尾部都有发光细胞。
hēi yè lǐ fēi lái fēi qù
黑夜里飞来飞去，
jiù hǎo xiàng xiǎo dēng long shǎn yào
就好像小灯笼闪耀。

dǎ dēng long bú wèi tàn lù
打灯笼不为探路，
yě bú shì zài gē zài wǔ
也不是载歌载舞。

shì wèi le xún qīn fǎng yǒu
是为了寻亲访友，
yíng huǒ chóng hài pà gū dú
萤火虫害怕孤独。

rú guǒ tā shòu dào jīng xià
如果他受到惊吓，
dēng long huì zì dòng guān shàng
灯笼会自动关上。
bú yòng pà tàng shāng pì gu
不用怕烫伤屁股，
nà shì bù fā rè de yíng guāng
那是不发热的荧光。

ān kāng guài mú guài yàng
鮟鱇怪模怪样，
bèi qí shàng shù zhe yú gān
背鳍上竖着鱼竿。
yú gān shàng guà zhe yú ěr
鱼竿上挂着鱼饵，
xiàng fā guāng de xiǎo chóng yì bān
像发光的小虫一般。

xiǎo chóng zài shuǐ lǐ niǔ dòng
小虫在水里扭动，
yǐn lái le chán zuǐ de shǎ guā
引来了馋嘴的傻瓜。
hái wèi cháng dào xiǎo chóng wèi dào
还未尝到小虫味道，
yǐ zàng shēn ān kāng zuǐ ba
已葬身鮟鱇嘴巴。

ān kāng mā ma gè zi dà
鮟鱇妈妈个子大，
bà ba gè zi què hěn xiǎo
爸爸个子却很小。
tā jì shēng zài tài tai shēn shàng
他寄生在太太身上，
yì nián nián bái tóu dào lǎo
一年年白头到老。

yíng huǒ chóng shēng huó zài cǎo cóng
萤火虫生活在草丛，

ān kāng shēng huó zài hǎi dǐ
鮟鱇生活在海底。
dàn tā men dōu huì fā guāng
但他们都会发光，
nǐ shuō shén qí bù shén qí
你说神奇不神奇。

科学真奇妙

yíng huǒ chóng yǔ ān kāng de fā guāng qì shì wán quán bù tóng de
萤火虫与鮟鱇的发光器是完全不同的：
yíng huǒ chóng de fā guāng qì yóu duō zhǒng xì bāo zǔ chéng qí zhōng zuì zhòng yào de shì fā guāng xì bāo zhè zhǒng fā guāng xì bāo nèi yǒu yì zhǒng hán lín de yíng guāng sù néng jiāng zì shēn néng liàng zhuǎn huà chéng guāng de xíng shì shì fàng ér ān kāng de fā guāng qì jǐn shì yì zhǒng fā guāng xì jūn de zhù suǒ xíng sì bēi zi píng shí chǎng kāi zhe kǒu yì xiē xì jūn tōng guò xiǎo kǒng zuān jìn qù shēng zhǎng xì jūn yī kào ān kāng lái shēng cún ān kāng zé lì yòng xì jūn fā guāng lái yòu bǔ liè wù xíng chéng gòng shēng guān xì
萤火虫的发光器由多种细胞组成，其中最重要的是发光细胞。这种发光细胞内有一种含磷的荧光素，能将自身能量转化成光的形式释放。而鮟鱇的发光器，仅是一种发光细菌的“住所”，形似杯子，平时敞开着口。一些细菌通过小孔钻进去生长。细菌依靠鮟鱇来生存，鮟鱇则利用细菌发光，来诱捕猎物，形成共生关系。

dà zì rán de yǔ yán

大自然的语言

bié yǐ wéi rén cái shuō huà
别以为人才说话，
dà zì rán yě yǒu yǔ yán
大自然也有语言。
zhè yǔ yán dào chù dōu yǒu
这语言到处都有，
zhēng kāi yǎn jiù néng kàn jiàn
睁开眼就能看见。

nǐ kàn nà tiān shàng de bái yún
你看那天上的白云，
zhè jiù shì dà zì rán de yǔ yán
这就是大自然的语言。
bái yún piāo de gāo gāo
白云飘得高高，
míng tiān zhǔn shì gè qíng tiān
明天准是个晴天。

nǐ kàn nà dì shàng de mǎ yǐ
你看那地上的蚂蚁，
zhè yě shì dà zì rán de yǔ yán
这也是大自然的语言。
mǎ yǐ máng zhe bān jiā
蚂蚁忙着搬家，

chū mén yào dài yǔ sǎn
出门要带雨伞。

kē dǒu zài shuǐ zhōng yóu yǒng
蝌蚪在水中游泳，
bú jiù xiàng hēi sè de dòu diǎn
不就像黑色的“逗点”？
dà zì rán zài shuǐ miàn xiě zhe
大自然在水面写着：
chūn tiān lái dào rén jiān
春天来到人间。

dà yàn pái zhe duì nán fēi
大雁排着队南飞，
bú jiù xiàng shěng lüè hào yí chuàn
不就像“省略号”一串？
dà zì rán zài lán tiān xiě zhe
大自然在蓝天写着：
yǎn xià yǐ shì qiū tiān
眼下已是秋天。

dà shù rú guǒ bèi kǎn dǎo
大树如果被砍倒，
nǐ huì bǎ nián lún fā xiàn
你会把年轮发现——
yì nián zhǐ zhǎng yì quān
一年只长一圈，
zhè shì dà zì rán de yǔ yán
这是大自然的语言。

nǐ rú guǒ diào dào dà yú
你如果钓到大鱼，
yú lín shàng yě yǒu quān quan
鱼鳞上也有圈圈——
yì quān jiù shì yí suì
一圈就是一岁，
zhè yòu shì dà zì rán de yǔ yán
这又是大自然的语言。

dà zì rán bǎ sān yè chóng huà shí
大自然把“三叶虫”化石，
xiāng qiàn zài xǐ mǎ lā yǎ shān diān
镶嵌在喜马拉雅山巅。

zhè shì zài gào su rén men
这是在告诉人们，
nàr céng shì wāng yáng yí piàn
那儿曾是汪洋一片。

dà zì rán bǎ yí kuài kuài piāo lì
大自然把一块块“漂砾”，
sǎ zài jiāng nán de lú shān
撒在江南的庐山。
nà yòu zài tí xǐng dà jiā
那又在提醒大家，
zhèr yǒu guo hán lěng de bīng chuān
这儿有过寒冷的冰川。

dà zì rán de yǔ yán bìng bù nán dǒng
大自然的语言并不难懂，
zhǐ yào nǐ kè kǔ zuān yán
只要你刻苦钻研。
rú guǒ hài pà dòng nǎo jīn
如果害怕动脑筋，
jiù huì cháng cháng shì ér bú jiàn
就会常常视而不见。

bǐ rú dǒu zhuǎn xīng yí
比如斗转星移，
hé zhǐ qiān nián wàn nián
何止千年万年。
kě zhí dào gē bái ní fā xiàn
可直到哥白尼发现，
cái bǎ tài yáng zhōng xīn shuō chuàng jiàn
才把“太阳中心说”创建。

ā jī mǐ dé xǐ zǎo de shí hou
阿基米德洗澡的时候，
xué huì le jiàn bié wáng guān
学会了鉴别王冠。
kě bié rén yě dōu xǐ zǎo
可别人也都洗澡，
wèi hé méi néng bǎ fú lì jì suàn
为何没能把浮力计算？

zài bào yǔ zhōng fàng fēi fēng zheng
在暴雨中放飞风筝，

fù lán kè lín huó zhuō dào léi diàn
富兰克林活捉到雷电。
fàng fēng zheng de rén hé zhǐ qiān wàn
放风筝的人何止千万，
wèi shén me méi zhè fā xiàn
为什么没这发现？

dà zì rán de yǔ yán
大自然的语言，
zhēn shì miào bù kě yán
真是妙不可言！
bú ài xué xí de rén kàn bù dǒng
不爱学习的人看不懂，
cū xīn dà yì de rén kàn bú jiàn
粗心大意的人看不见。

科学真奇妙

zài wǒ men shēng huó de shì jiè nà xiē shòu qì hòu shuǐ wén tǔ rǎng děng yǐng xiǎng chū xiàn de yǐ nián wéi zhōu qī de zì rán xiàn xiàng chēng wéi wù hòu xiàn xiàng wǒ guó gǔ dài láo dòng rén mín jiù shì yī jù wù hòu xiàn xiàng de biàn huà tè diǎn lái pàn duàn qì hòu biàn huà bìng yǒu jì huà de ān pái shēng chǎn shēng huó de wǒ men yīng dāng xué huì dú dǒng zhè xiē dà zì rán de yǔ yán zuì yǒu xiào de tú jìng jiù shì qù qīn jìn dà zì rán guān chá dà zì rán

在我们生活的世界，那些受气候、水文、土壤等影响出现的、以年为周期的自然现象，称为物候现象。我国古代劳动人民就是依据物候现象的变化特点来判断气候变化，并有计划地安排生产生活的。我们应当学会读懂这些大自然的语言，最有效的途径就是去亲近大自然、观察大自然。

yào shi nǐ zài yě wài mí le lù
要是你在野外迷了路

yào shi nǐ zài yě wài mí le lù
要是你在野外迷了路，
kě qiān wàn bié huāng zhāng
可千万别慌张。
dà zì rán yǒu hěn duō tiān rán de zhǐ nán zhēn
大自然有很多天然的指南针，
huì bāng zhù nǐ biàn bié fāng xiàng
会帮助你辨别方向。

tài yáng shì gè zhōng shí de xiàng dǎo
太阳是个忠实的向导，
tā zài tiān kōng gěi nǐ zhǐ diǎn fāng xiàng
它在天空给你指点方向。
zhōng wǔ de shí hou tā zài nán biān
中午的时候它在南边，
dì shàng de shù yǐng zhèng zhǐ zhe běi fāng
地上的树影正指着北方。

běi jí xīng shì zhǎn zhǐ lù dēng
北极星是盏指路灯，
tā yǒng yuǎn gāo guà zài běi fāng
它永远高挂在北方。
yào shi nǐ néng rèn chū tā
要是你能认出它，

jiù bú huì zài hēi yè lǐ luàn chuǎng
就不会在黑夜里乱闯。

yào shi pèng shàng yīn yǔ tiān
要是碰上阴雨天，
dà shù yě huì lái bāng máng
大树也会来帮忙。
zhī yè chóu de yí miàn shì nán fāng
枝叶稠的一面是南方，
zhī yè xī de yí miàn shì běi fāng
枝叶稀的一面是北方。

xuě tè bié pà tài yáng
雪特别怕太阳，
gōu qú lǐ de jī xuě huì gěi nǐ zhǐ diǎn fāng xiàng
沟渠里的积雪会给你指点方向。
kàn kan nǎ biān de xuě huà de kuài nǎ biān huà de màn
看看哪边的雪化得快，哪边化得慢，
jiù kě yǐ fēn biàn běi fāng hé nán fāng
就可以分辨北方和南方。

yào shi nǐ zài yě wài mí le lù
要是你在野外迷了路，
kě qiān wàn bié huāng zhāng
可千万别慌张。
dà zì rán yǒu hěn duō tiān rán de zhǐ nán zhēn
大自然有很多天然的指南针，
xū yào nǐ xì xì guān chá duō duō qù xiǎng
需要你细细观察，多多去想。

yào shi nǐ zài yě wài mí le lù xù biān
要是你在野外迷了路（续编）

yào shi nǐ zài yě wài mí le lù
要是你在野外迷了路，
yí dìng jí yú xún zhǎo fāng xiàng
一定急于寻找方向。
kě zhī dào hěn duō dòng wù
可知道很多动物，
biàn fāng xiàng de néng lì bǐ rén qiáng
辨方向的能力比人强。

hòu niǎo cháng tú qiān xǐ
候鸟长途迁徙，
cóng bú huì yūn tóu zhuàn xiàng
从不会晕头转向。
hǎi guī piāo yáng guò hǎi
海龟漂洋过海，
dìng néng huí lǎo jiā chǎn luǎn
定能回老家产卵。

shā mò lǐ shāng duì mí tú
沙漠里商队迷途，
luò tuo néng wèi nǐ dài lù
骆驼能为你带路。
zhàn chǎng shàng zhàn shì diào duì
战场上战士掉队，

zhàn mǎ néng lǎo mǎ shí tú
战马能老马识途。

mì fēng zhǎo dào mì yuán
蜜蜂找到蜜源，
yòng wǔ zī gào su huǒ bàn
用舞姿告诉伙伴。
huǒ bàn men qīng cháo ér chū
伙伴们倾巢而出，
zǒng shì néng shōu huò mǎn mǎn
总是能收获满满。

gē zi de shēn shǒu jiǎo jiàn
鸽子的身手矫健，
tā men shì sòng xìn de mó fàn
他们是送信的模范。
nǎ pà zài qiān lǐ wài fàng fēi
哪怕在千里外放飞，
yě néng gòu zhǔn shí fēi fǎn
也能够准时飞返。

dòng wù biàn fāng xiàng de néng lì
动物辨方向的能力，
suī rán tiān shēng bǐ rén qiáng
虽然天生比人强。
dàn rén néng zhǎng wò kē xué
但人能掌握科学，
cái chéng wéi wàn wáng zhī wáng
才成为万王之王。

zhōng guó rén fā míng zhǐ nán zhēn
中国人发明指南针，
lì yòng de shì dì qiú cí chǎng
利用的是地球磁场。
hái fā míng jīng qiǎo de luó pán
还发明精巧的罗盘，
zhǐ yǐn chuán chéng fēng pò làng
指引船乘风破浪。

yào shi nǐ méi yǒu zhǐ nán zhēn
要是你没有指南针，
yào shi nǐ yě méi yǒu luó pán
要是你也没有罗盘，
shèn zhì shǒu jī yě méi le diàn
甚至手机也没了电，
zài yě wài mí lù zěn me bàn
在野外迷路怎么办？

xiān xiǎng xiang shì jiè míng chéng
先想想世界名城，
shì fǒu dōu lín jiāng jiàn lì
是否都临江建立？
wú lùn shì niǔ yuē lún dūn
无论是纽约伦敦，
wú lùn shì shàng hǎi bā lí
无论是上海巴黎。

dà chéng shì jiàn zài hé àn
大城市建在河岸，
xiǎo máo fáng yě dōu yí yàng
小茅房也都一样。
zhǎo dào hé shùn liú ér xià
找到河顺流而下，
dìng shì nǐ zuì ān quán de fāng xiàng
定是你最安全的方向。

科学真奇妙

dì lǐ shàng suǒ jiǎng de fāng xiàng zhǔ yào zhǐ dōng xī nán běi sì gè fāng wèi
地理上所讲的方向主要指东、西、南、北四个方位。
dōng xī fāng xiàng méi yǒu jìn tóu kě yǐ yì zhí zǒu xià qù dàn dì qiú shàng de nán
东西方向没有尽头，可以一直走下去。但地球上的南
běi fāng xiàng què shì yǒu jí diǎn de dāng wǒ men cóng chì dào chū fā xiàng zhèng běi huò xiàng
北方向却是有极点的，当我们从赤道出发向正北或向
zhèng nán yì zhí zǒu zuì hòu jiāng zǒu dào běi jí huò nán jí yuè guò běi jí huò nán
正南一直走，最后将走到北极或南极。越过北极或南
jí fāng xiàng jiāng fā shēng gǎi biàn běi jí diǎn hé nán jí diǎn shàng shì méi yǒu dōng
极，方向将发生改变。北极点和南极点上，是没有东、
xī liǎng gè fāng xiàng de běi jí diǎn shàng zhǐ yǒu yí gè fāng xiàng nán fāng nán
西两个方向的。北极点上只有一个方向——南方；南
jí diǎn shàng yě zhǐ yǒu yí gè fāng xiàng běi fāng
极点上也只有一个方向——北方。

cáng zài rén shēn shàng de shù zì
藏在人身上的数字

zài rén de shēn tǐ lǐ miàn
在人的身体里面，
cáng zhe yǒu qù de shù zì
藏着有趣的数字。
wǒ bù shuō nǐ bù zhī dào
我不说你不知道，
shuō lái zhǔn jiào nǐ jīng qí
说来准叫你惊奇。

kě zhī dào rén de pí fū
可知道人的皮肤，
miàn jī hé hēi bǎn xiāng fǎng
面积和黑板相仿。
nà shàng miàn bù mǎn hàn xiàn
那上面布满汗腺，
zǒng shù zài shí wàn yǐ shàng
总数在十万以上。

kě zhī dào rén de cháng zi
可知道人的肠子，
cháng dù jìng chāo guò liǎng zhàng
长度竟超过两丈。
yǐn shí zài nà lǐ lǚ xíng
饮食在那里旅行，

yì nián yǒu yì dūn yǐ shàng
一年有一吨以上。

rén de xīn zàng jiù xiàng mǎ dá
人的心脏就像马达，
yì tiān dào wǎn cóng bù xiū xi
一天到晚从不休息。
jiǎ rú nǐ huó dào qī shí
假如你活到七十，
xīn tiào dá sān shí yì cì
心跳达三十亿次。

rén de xuè guǎn jiù xiàng gōng lù
人的血管就像公路，
fù zé quán shēn de yùn shū
负责全身的运输。
jiǎ rú xuè guǎn lián chéng yí xiàn
假如血管连成一线，
néng bǎ dì qiú rào shàng liǎng quān
能把地球绕上两圈。

rén néng zhàn lì xíng zǒu
人能站立行走，
lí bù kāi yí kuài kuài gǔ tou
离不开一块块骨头。
bù guǎn nán nǚ lǎo shào
不管男女老少，
gǔ tou dōu èr bǎi líng liù
骨头都二百零六。

zài shuō shuo rén de dà nǎo
再说说人的大脑，
gòng yǒu yì bǎi yì nǎo xì bāo
共有一百亿脑细胞。
měi gè nǎo xì bāo hù lián hù tōng
每个脑细胞互联互通，
bǐ yín hé jì suàn jī hái qí miào
比银河计算机还奇妙。

jī qì bú yòng yào shēng xiù
机器不用要生锈，
dà nǎo yě hài pà lǎn duò
大脑也害怕懒惰。
nǐ ruò xiǎng biàn de cōng míng
你若想变得聪明，
yào nǔ lì xué huì sī suǒ
要努力学会思索。

科学真奇妙

rén tǐ gòu zào fēi cháng qí miào rú guǒ nǐ zǐ xì liú yì kě néng huì fā xiàn
人体构造非常奇妙，如果你仔细留意，可能会发现
gèng duō yǒu qù de xiàn xiàng dà duō shù rén de shēn gāo děng yú zì jǐ liǎng bì píng shēn
更多有趣的现象。大多数人的身高等于自己两臂平伸
de cháng dù jiǎo bǎn de cháng dù děng yú zì jǐ quán tóu de zhōu cháng qī gè jiǎo bǎn
的长度，脚板的长度等于自己拳头的周长，七个脚板
de cháng dù děng yú zì jǐ de shēn gāo
的长度等于自己的身高。

wǔ xiōng dì
五兄弟

tiān shēng wǔ gè xiōng dì
天生五个兄弟，
gāo ǎi pàng shòu bù yī
高矮胖瘦不一。
gè yǒu gè de běn lǐng
各有各的本领，
pèi hé yě hěn mò qì
配合也很默契。

lǎo dà shēn cái cū zhuàng
老大身材粗壮，
chēng qǐ bàn bì jiāng shān
撑起半壁江山。
lǎo dà gāo gāo shù qǐ
老大高高竖起，
nà shì wèi nǐ diǎn zàn
那是为你点赞。

lǎo èr wǔ yì gāo qiáng
老二武艺高强，
yòng tā kòu dòng bān jī
用他扣动扳机。
shǒu qiāng zhǐ shuí dǎ shuí
手枪指谁打谁，

yì qiāng bì dí
“OK”一枪毙敌。

lǎo sān gè zi zuì gāo
老三个子最高，
jué bù bēi gōng qū xī
绝不卑躬屈膝。
lǎo èr lǎo sān zhāng kāi
老二老三张开，
xiàng nǐ biǎo shì shèng lì
向你表示胜利。

lǎo sì cóng bù qiǎng gōng
老四从不抢功，
wéi rén yě hěn qiān xū
为人也很谦虚。
wèi shá chuān jīn dài yín
为啥穿金戴银，
cóng lái fēi tā mò shǔ
从来非她莫属？

lǎo wǔ gè zi zuì xiǎo
老五个子最小，
yòng chù yì diǎn bù shǎo
用处一点不少。
liǎng rén lǎo wǔ gōu gou
两人老五勾勾，
cóng cǐ jiù shì péng you
从此就是朋友。

tiān shēng wǔ gè xiōng dì
天生五个兄弟，

nǐ yǒu tā yǒu wǒ yǒu
你有他有我有。

bié wèn tā men shì shuí
别问他们是谁，

kàn kan nǐ de xiǎo shǒu
看看你的小手。

科学真奇妙

shǒu shì rén lèi de wàn néng gōng jù yì shuāng shǒu néng zuò chū shàng yì gè dòng
手是人类的万能工具。一双手能做出上亿个动

zuò yǒu le zhè shuāng líng qiǎo de shǒu wài kē yī shēng kě yǐ féng hé zhí jìng bú dào
作。有了这双灵巧的手，外科医生可以缝合直径不到

yì háo mǐ de xuè guǎn hé shén jīng yá diāo shī fu kě yǐ zài yí lì mǐ dà de xiàng
一毫米的血管和神经；牙雕师傅可以在一粒米大的象

yá shàng kè xià qiān zì wén yì miǎo zhōng nèi gāng qín jiā kě yòng shǒu zhǐ jī jiàn
牙上刻下《千字文》；一秒钟内，钢琴家可用手指击键

jǐ shí cì
几十次。

dà míng dǐng dǐng de mó shù shī

大名鼎鼎的魔术师

shuō qǐ lái nǐ zhǔn rèn shi

说起来你准认识，

zhè yí wèi mó shù dà shī

这一位魔术大师。

tā huì biàn gè zhǒng xì fǎ

他会变各种戏法，

yǒu yì shēn jīng rén běn shi

有一身惊人本事。

zǎo chen tā biàn chéng zhēn zhū

早晨他变成珍珠，

hé yè shàng qīng qīng fān gǔn

荷叶上轻轻翻滚。

dāng tài yáng gāng gāng lòu liǎn
当太阳刚刚露脸，
tā mǎ shàng wú yǐng wú zōng
他马上无影无踪。

bái tiān tā yǐn shēn kōng zhōng
白天他隐身空中，
shuí yě jiàn bù zháo miàn kǒng
谁也见不着面孔。
dāng yǔ hòu tài yáng yí zhào
当雨后太阳一照，
yòu biàn chéng qī sè cǎi hóng
又变成七色彩虹。

yǒu shí tā chě qǐ mó zhàng
有时他扯起魔帐，
tiān dì jiān mí mí méng méng
天地间迷迷蒙蒙。
zhè shí hou nǐ qù shàng xué
这时候你去上学，
xiǎo xīn kàn hóng dēng lǜ dēng
小心看红灯绿灯。

yǒu shí tā jiàng xià mó tǎn
有时他降下魔毯，
bái máng máng yí wàng wú biān
白茫茫一望无边。
hài chóng tōng tōng bèi dòng sǐ
害虫通通被冻死，

mài miáo què shuì de xiāng tián
麦苗却睡得香甜。

huò zhě tā piāo zài lán tiān
或者他飘在蓝天，
nǐ kàn tā duō me xiāo yáo
你看他多么逍遥。
yí huìr biàn chéng bái mǎ
一会儿变成白马，
yí huìr biàn chéng xuě bào
一会儿变成雪豹。

huò zhě tā hān shuì bù xǐng
或者他酣睡不醒，
yí jiào shuì shù bǎi shì jì
一觉睡数百世纪。
bù guǎn zài nán jí běi jí
不管在南极北极，
hái shi zài shì jiè wū jǐ
还是在世界屋脊。

mó shù shī yòng tóu yì dǐng
魔术师用头一顶，
néng zhuàng kāi wàn zhàng gāo shān
能撞开万丈高山。
bǎ ní shā yùn dào píng yuán
把泥沙运到平原，
néng kāi kěn duō shao liáng tián
能开垦多少良田？

mó shù shī shēn tǐ yì suō
魔术师身体一缩，
néng zuān dào yán céng xià miàn
能钻到岩层下面。
qí huàn de dì xià róng dòng
奇幻的地下溶洞，
zhèng shì tā zhù de gōng diàn
正是他住的宫殿。

zuì hòu ràng wǒ gào su nǐ
最后让我告诉你，
zhè wèi mó shù shī shì shuí
这位魔术师是谁。
yě xǔ nǐ yǐ cāi chū lái
也许你已猜出来，
tā de míng zi jiù jiào shuǐ
他的名字就叫水。

科学真奇妙

shuǐ zài zì rán jiè yǐ sān zhǒng xíng tài cún zài gù tài yè tài qì tài
水在自然界以三种形态存在：固态、液态、气态。
bīng xuě shuāng bīng báo shǔ yú gù tài yún yǔ wù lù shǔ yú yè tài shuǐ
冰、雪、霜、冰雹属于固态，云、雨、雾、露属于液态，水
zhēng qì shì qì tài zhè sān zhǒng xíng tài zài wēn dù qì yā biàn huà tiáo jiàn xià huì
蒸气是气态。这三种形态在温度、气压变化条件下会
hù xiāng zhuǎn huà
互相转化。

qì wèi de miào yòng
气味的妙用

rén liǎn shàng zhǎng zhe bí zi
人脸上长着鼻子，

kě bú shì wèi le pāi zhào
可不是为了拍照。

yòng bí zi biàn bié qì wèi
用鼻子辨别气味，

qí zuò yòng fēi cháng qí miào
其作用非常奇妙。

jǐng quǎn zhuī zōng qì wèi
警犬追踪气味，

zhuā zhù yuè yù de táo fàn
抓住越狱的逃犯。

mǎ yǐ yī kào qì wèi
蚂蚁依靠气味，

shí bié zì jǐ de huǒ bàn
识别自己的伙伴。

huáng yòu xiǎng yào táo mìng
黄鼬想要逃命，

fàng chòu pì fā chū jǐng gào
放臭屁发出警告。

shuí yào zài gǎn zhuī jī
谁要再敢追击，

lì kè bǎ tā xūn dǎo
立刻把他熏倒。

cí dié chéng nián yǐ hòu
雌蝶成年以后，
qì wèi shì qiú ài de xìn hào
气味是求爱的信号。
xióng dié zài jǐ qiān mǐ zhī wài
雄蝶在几千米之外，
yě néng bǎ nǚ yǒu zhǎo dào
也能把女友找到。

rén lì yòng rén tǐ de qì wèi
人利用人体的气味，
zhì zuò chéng xīn yí dài wén xiāng
制作成新一代蚊香。
zài bú pà wén zi xī xuè
再不怕蚊子吸血，
ràng wén zi zì tóu luó wǎng
让蚊子自投罗网。

rén lì yòng méi qì qì wèi
人利用煤气气味，
zhì zuò chéng líng mǐn de yí qì
制作成灵敏的仪器。
zài bú pà méi kuàng bào zhà
再不怕煤矿爆炸，
yí qì huì chuī xiǎng jǐng dí
仪器会吹响警笛。

qì wèi kàn bú jiàn mō bù zháo
气味看不见摸不着，
xué wen què hěn shēn ào
学问却很深奥。
suǒ yǐ yào ài hù bí zi
所以要爱护鼻子，
qiān wàn bié qīng yì gǎn mào
千万别轻易感冒。

科学真奇妙

qì wèi shì yì xiē tè shū de wù zhì wēi lì sàn fā dào kōng qì zhī zhōng yóu dòng wù de xiù jué qì guān suǒ gǎn shòu ér chuán dì dào dà nǎo hòu jīng guò chǔ lǐ de xìn xī pǔ tōng rén néng shí bié de qì wèi dà yuē yǒu zhǒng ér yí gè zhuān yè chú shī huò zhě xiāng shuǐ jiàn bié shī gèng shì kě yǐ shí bié duō zhǒng qì wèi

气味是一些特殊的物质微粒散发到空气之中，由动物的嗅觉器官所感受，而传递到大脑后经过处理的信息。普通人能识别的气味大约有4000种，而一个专业厨师或者香水鉴别师，更是可以识别10000多种气味。

shén qí de tǔ rǎng
神奇的土壤

kōng qì xiàng dì qiú de sī jīn
空气像地球的丝巾，

tǔ rǎng xiàng dì qiú de pí fū
土壤像地球的皮肤。

tǔ rǎng yǒu qiān zī bǎi tài
土壤有千姿百态，

fēn bù zài dì qiú gè chù
分布在地球各处。

jiā ná dà hēi tǔ féi wò
加拿大黑土肥沃，

é luó sī dòng tǔ mián yán
俄罗斯冻土绵延。

huáng hé de shuǐ tiān shàng lái
黄河的水天上来，

liǎng àn shì huáng tǔ gāo yuán
两岸是黄土高原。

wàn wù shēng zhǎng kào tài yáng
万物生长靠太阳，

zhí wù shēng zhǎng kào tǔ rǎng
植物生长靠土壤。

gēn zài tǔ rǎng lǐ hē shuǐ
根在土壤里喝水，

cóng tǔ rǎng xī shōu yíng yǎng
从土壤吸收营养。

bǎi niǎo fēi zài lán tiān
百鸟飞在蓝天，
zǒu shòu jiǎo bù lí tǔ
走兽脚不离土。
qiū yǐn zài tǔ zhōng mì shí
蚯蚓在土中觅食，
tǔ rǎng zhōng jiǎo tù sān kū
土壤中狡兔三窟。

tǔ rǎng shì jì jìng de shì jiè
土壤是寂静的世界，
bái tiān hēi yè jìng qiāo qiāo
白天黑夜静悄悄。
tǔ rǎng shì xuān nào de shì jiè
土壤是喧闹的世界，
xiǎn wēi jìng xià hǎo rè nao
显微镜下好热闹。

fàng xiàn jūn xiàng tiào shéng niǔ dòng
放线菌像跳绳扭动，
hòu bì jūn liǎn shàng zhǎng dòu pào
厚壁菌脸上长痘疱。
āi jí yǒu yì zhǒng gǔ shēng jūn
埃及有一种古生菌，
huó xiàng tú biāo
活像Windows图标。

bā zhang dà yí kuài tǔ rǎng
巴掌大一块土壤，
shēng huó zhe qiān wàn gè jūn luò
生活着千万个菌落。
yǒu shí hou píng ān wú shì
有时候平安无事，
yǒu shí hou rán qǐ zhàn huǒ
有时候燃起战火。

kōng qì xiàng dì qiú de sī jīn
空气像地球的丝巾，
tǔ rǎng xiàng dì qiú de pí fū
土壤像地球的皮肤。
dì qiú zhǐ yǒu yí gè
地球只有一个，
wǒ men yào hǎo hǎo bǎo hù
我们要好好保护。

科学真奇妙

tǔ rǎng shì zhǐ dì qiú biǎo miàn de yì céng shū sōng de wù zhì tā de chéng fèn zhǔ yào yǒu yán shí fēng huà ér chéng de kuàng wù zhì dòng zhí wù fǔ làn fēn jiě chǎn shēng de yǒu jī zhì wēi shēng wù yǐ jí shuǐ fèn kōng qì děng shì zhí wù hé tǔ rǎng dòng wù lài yǐ shēng cún de jī chǔ

土壤是指地球表面的一层疏松的物质。它的成分主要有岩石风化而成的矿物质、动植物腐烂分解产生的有机质、微生物以及水分、空气等，是植物和土壤动物赖以生存的基础。

gěi xīng xing zhèng míng
给星星正名

nǐ kàn níng jìng de yè wǎn
你看宁静的夜晚，
xīng xing zài tiān shàng shǎn shuò
星星在天上闪烁。
kě xiǎng guo xīng xing de míng zi
可想过星星的名字，
yǒu xǔ duō wán quán gǎo cuò
有许多完全搞错。

yǒu shí hou zhǐ lù wéi mǎ
有时候指鹿为马，
yǒu shí guǎn mǎ jiào luò tuo
有时管马叫骆驼。

bǐ rú rì biān de shuǐ xīng
比如日边的水星，
tā méi yǒu shuǐ zhū yì kē
它没有水珠一颗。
rè de shí tou dōu mào yān
热得石头都冒烟，
qiān hé lǚ róng chéng hú pō
铅和铝熔成湖泊。
bǎ shuǐ xīng jiào zuò huǒ xīng
把水星叫作火星，
qǐ bú shì gèng jiā hé shì
岂不是更加合适？

wǒ men jū zhù de dì qiú
我们居住的地球，
lù dì shǎo shuǐ què hěn duō
陆地少水却很多。
jiǎ rú bǎ dà lù xiāo píng
假如把大陆削平，
hǎi yáng jiāng quán qiú yān mò
海洋将全球淹没。
bǎ dì qiú jiào zuò shuǐ xīng
把地球叫作水星，
xiǎng xiang yě bú huì yǒu cuò
想想也不会有错。

zài shuō shén mì de huǒ xīng
再说神秘的火星，
nà lǐ yà gēnr méi huǒ
那里压根儿没火。
qì wēn dī de xià sǐ rén
气温低得吓死人，
qǐ é yě méi fǎ shēng huó
企鹅也没法生活。
rú cǐ hán lěng de xīng xing
如此寒冷的星星，
jiào huǒ xīng zì rán bù tuǒ
叫火星自然不妥。

zhì yú dà gè zi mù xīng
至于大个子木星，
chōng mǎn qiáng liè de fú shè
充满强烈的辐射。
zhěng tiān xiàng yuán zǐ dàn bào zhà
整天像原子弹爆炸，
nǎ lǐ yǒu xiǎo cǎo yì kē
哪里有小草一棵。
chōng mǎn fú shè de xíng xīng
充满辐射的行星，
yòu gāi guǎn tā jiào shén me
又该管它叫什么？

jiào cuò míng zi de xīng xing
叫错名字的星星，
tiān shàng yí dìng hái hěn duō
天上一定还很多。

rú guǒ yào yī yī zhèng míng
如果要一一正名，
hái yǒu dài wǒ men qù tàn suǒ
还有待我们去探索。

科学真奇妙

zhōng guó gǔ rén hěn shàn yú guān chá zài shēng chǎn hé shēng huó zhōng bú duàn rèn
中国古人很善于观察，在生产和生活中，不断认
shi dào shí jiān jì jié tiān tǐ de yùn xíng biàn huà duì nóng gēng xíng wéi de zuò yòng
识到时间、季节、天体的运行变化对农耕行为的作用。
zhōng guó gǔ dài tiān wén xué jiā bǎ wǔ dà xíng xīng yǔ chūn qiū zhàn guó yǐ lái de wǔ
中国古代天文学家把五大行星与春秋战国以来的“五
xíng xué shuō lián xì zài yì qǐ bìng gēn jù wǔ dà xíng xīng de liàng dù yán sè hé
行”学说联系在一起，并根据五大行星的亮度、颜色和
yùn xíng guī lǜ bǎ tā men mìng míng wéi jīn xīng mù xīng shuǐ xīng huǒ xīng hé tǔ
运行规律，把它们命名为金星、木星、水星、火星和土
xīng zhè yǔ wǔ dà xíng xīng de jié gòu zhuàng kuàng méi yǒu rèn hé guān xì
星，这与五大行星的结构状况没有任何关系。

dà zì rán de bào fù

大自然的报复

rén shì dà zì rán de zhǔ rén
人是大自然的主人，
zhè huà yì diǎnr bú cuò
这话一点儿不错。
rú guǒ zhǔ rén bù hǎo hǎo dāng jiā
如果主人不好好当家，
rì zi jiù bú huì hǎo guò
日子就不会好过。

rén men wéi hú zào tián
人们围湖造田，
mèng xiǎng wàn qǐng dào hé
梦想万顷稻禾。
kě shuǐ miàn yì tiān tiān suō xiǎo
可水面一天天缩小，
hàn mó jiù chéng le cháng kè
旱魔就成了常客。

rén men huǐ cǎo gēng dì
人们毁草耕地，
huàn xiǎng jīn sè de shōu huò
幻想金色的收获。
kě méi jiàn zhuāng jia fēng shōu
可没见庄稼丰收，
cǎo yuán yǐ biàn chéng shā mò
草原已变成沙漠。

shān qū huǐ lín zào tián
山区毁林造田，
dài lái wú qióng zāi huò
带来无穷灾祸。
yì cháng cháng kuáng fēng bào yǔ
一场 场 狂风暴雨，
hóng shuǐ bǎ cūn zhuāng tūn mò
洪水把村庄吞没。

wèi le xiāo miè hài chóng
为了消灭害虫，
shuí zài bǎ nóng yào pēn shè
谁在把农药喷射。
yì niǎo yì chóng yě bèi dú sǐ
益鸟益虫也被毒死，
hài chóng yuè lái yuè duō
害虫越来越多。

gōng chǎng pái chū fèi shuǐ
工厂排出废水，
liú jìn dà jiāng xiǎo hé
流进大江小河。
qīng bō biàn chéng zhuó liú
清波变成浊流，
yú xiā wú fǎ cún huó
鱼虾无法存活。
yān cōng hēi yān gǔn gǔn
烟囱黑烟滚滚，
fèi qì wǔ yán liù sè
废气五颜六色。
wǎn shang kàn bú dào xīng xing
晚上看不到星星，
niǎo ér yě bú zài chàng gē
鸟儿也不再唱歌。

wèi shén me yǒu xīn zāi huā
为什么有心栽花，
zhòng chū de què shì kǔ guǒ
种出的却是苦果。

shuí wéi bèi zì rán guī lǜ
谁违背自然规律，
dà zì rán jiù huì bào fù
大自然就会报复。

科学真奇妙

jīng guò yì wàn nián de fā zhǎn biàn huà zì rán jiè zhōng de wàn shì wàn wù dōu
经过亿万年的发展变化，自然界中的万事万物都
xíng chéng le yì zhǒng běn zhì de wěn dìng de lián xì xīng qiú de yùn xíng sì jì de
形成了一种本质的、稳定的联系。星球的运行、四季的
biàn huà rén de yī shí zhù xíng hé shēng lǎo bìng sǐ děng dōu yǒu yí dìng de guī lǜ
变化、人的衣食住行和生老病死等都有一定的规律。
rén jù bèi rèn shi zì rán jiè hé zì shēn de néng lì kě yǐ bù fen de kē xué de
人具备认识自然界和自身的能力，可以部分地科学地
rèn zhī zì rán jiè de jī běn guī lǜ bìng yòng yú zhǐ dǎo shí jiàn hé gǎi zào zì rán
认知自然界的基本规律，并用于指导实践和改造自然
běn shēn dàn rén bù néng tuō lí zì rán guī lǜ gèng bù yīng gāi dào xíng nì shī zhè
本身。但人不能脱离自然规律，更不应该倒行逆施，这
yàng rén lèi zì shēn de shēng cún huán jìng cái kě néng dá dào zuì jiā de jìng jiè
样，人类自身的生存环境才可能达到最佳的境界！

jī qì rén chū zhěn
机器人出诊

fāng fang zhè míng zi zhēn hǎo tīng nǐ yí dìng yǐ wéi tā shì yí gè xiǎo nán hái ba bù gào su nǐ fāng fang shì yí gè huì zhì bìng de jī qì rén yī shēng shì yī yuàn de huáng dài fu yán jiū le bàn bèi zi cái zào chū lái de bǎo bèi

方方，这名字真好听，你一定以为他是一个小男孩吧？不，告诉你，方方是一个会治病的机器人医生，是医院的黄大夫研究了半辈子才造出来的宝贝。

kě shì jīn tiān yí dà zǎo fāng fang chèn huáng dài fu jiē diàn huà de shí hou yí gè rén tōu tōu de liū chū le yī yuàn gāng cái tā yì kǒu qì jiù bǎ liù bǎi duō yè de yī liáo wèi shēng shǒu cè kàn wán le zhè xià fāng fang jiāo ào qǐ lái le zì yǐ

可是，今天一大早，方方趁黄大夫接电话的时候，一个人偷偷地溜出了医院。刚才，他一口气就把六百多页的《医疗卫生手册》看完了，这下方方骄傲起来了，自以

wéi shì gè yī shēng le
为是个医生了。

fāng fang bēi zhe huáng
方方背着黄
dài fu de chū zhěn xiāng
大夫的出诊箱，
yí gè rén zǒu ya zǒu ya
一个人走呀走呀，
bù zhī bù jué zǒu jìn le
不知不觉走进了
dòng wù yuán de dà mén
动物园的大门。

fāng fang lái dào xiǎo
方方来到小
hé biān dà xiàng zhèng zài
河边，大象正在
zhè lǐ pēn shuǐ wán zhǐ jiàn tā yí huìr bǎ cháng cháng de bí zi shēn jìn
这里喷水玩，只见他一会儿把长长的鼻子伸进
shuǐ lǐ yí huìr yòu gāo gāo yáng qǐ bǎ shuǐ mò zi pēn de mǎn tiān fēi
水里，一会儿又高高扬起，把水沫子喷得满天飞。

fāng fang jiàn le máng hǎn dà xiàng dà xiàng kě bié bǎ shuǐ qiāng
方方见了，忙喊："大象，大象，可别把水呛
dào fèi lǐ qù le nà huì shēng bìng de shuō zhe tā tāo chū tīng zhěn
到肺里去了，那会生病的。"说着，他掏出听诊
qì àn zài dà xiàng de xiōng qián tīng le qǐ lái
器，按在大象的胸前，听了起来。

hái hǎo fèi bù dào méi yǒu zá yīn zhǐ shì mài bó tiào de tài
还好，肺部倒没有杂音，只是脉搏跳得太
màn la fāng fang duì zhe biǎo dī tóu yì shǔ yō měi fēn zhōng cái tiào
慢啦，方方对着表，低头一数，哟，每分钟才跳
xià bǐ shū shàng shuō de zhèng cháng de xīn tiào yào màn yí bàn li
40下——比书上说的正常的心跳要慢一半哩。

方方焦急地说："大象，您心跳太慢，恐怕有心脏病，快吃点药吧。"

谁知大象哈哈大笑起来："哎哟，你在瞎说些什么呀，我们大象个子大，个子大的动物，一般来说新陈代谢比较慢，因而心跳也慢。医生，我可没心脏病，你大概弄错啦。"

说着，大象甩着长长的鼻子，乐颠颠地跑回象宫去了。

正巧有一只小山雀在天上练飞翔，见了方方，好奇地问："嘻嘻，您是医生吗？能帮我检查一下身体吗？"

方方当然乐意啰，他把体温表塞进小山雀的小嘴巴，解释说："那里面亮闪闪的是水银，有毒的，可别咬碎吞进肚里去。"

"嗯。"小山雀嘴里含着体温表，只好这样回答。

过了一会儿，方方把体温表拿出来一看：40℃——比书上说的正常体温要高好多哩！

方方又紧张起来：“小山雀，你发高烧啦，快，躺下别动，让我给你打一针青霉素。”

小山雀原是闹着玩的呀，见方方真刀真枪地拿出针筒，还插上又尖又亮的针头，可吓坏了，只见她嗖地飞了起来，忙不迭地说：“医生，您可别开玩笑了，难道您不知道，我们鸟类个子虽小，但能量消耗大，所以体温也高，我才没发烧哩，您要是真有本事，呶——”

小山雀说着，拍拍翅膀飞了起来，接着说：“您还是去帮长颈鹿治一治吧，长颈鹿生来就不会说话。”

“那好吧，我这就去找长颈鹿，看看他的喉咙有没有毛病。”方方说完就向长颈鹿的住处走去。

fāng fang bēi zhe chū zhěn xiāng zhǎo dào le cháng jǐng lù de zhù suǒ
方方背着出诊箱，找到了长颈鹿的住所。
tā xiān xiàng cháng jǐng lù jū le gè gōng rán hòu dòng shǒu jiǎn chá qǐ lái
他先向长颈鹿鞠了个躬，然后动手检查起来。

tā chá ya chá ya chá le bàn tiān yě méi zài cháng jǐng lù de
他查呀查呀，查了半天，也没在长颈鹿的
hóu lóng lǐ zhǎo dào shēng dài cè liáng xuè yā de shí hou tā dào fā xiàn
喉咙里找到声带。测量血压的时候，他倒发现
le yí gè yì wài de qíng kuàng yuán lái cháng jǐng lù dé le gāo xuè yā
了一个意外的情况。原来长颈鹿得了高血压，
tā de xuè yā shì cháng rén de sān bèi gāo ne
她的血压是常人的三倍高呢！

āi yō gāo xuè yā kě shì gè màn xìng bìng bú dà hǎo zhì
“哎哟，高血压可是个慢性病，不大好治
ya fāng fang shuō hái shi ràng wǒ gěi nǐ zhā jīn zhēn ba
呀，”方方说，“还是让我给你扎金针吧。”

bú liào cháng jǐng lù piě pie zuǐ zhǎ zha yǎn xiǎo nǎo dai hái yáo
不料长颈鹿撇撇嘴，眨眨眼，小脑袋还摇
le jǐ yáo ò duì le yǎ ba bú huì shuō huà dàn huì yòng dòng zuò
了几摇。哦，对了，哑巴不会说话，但会用动作
biǎo dá zì jǐ de yì si zhè yì si fāng fang kàn bù dǒng zuò wéi cháng
表达自己的意思。这意思方方看不懂，作为长
jǐng lù de hǎo péng you xiǎo shān què kàn dǒng la jiù dāng qǐ fān yì
颈鹿的好朋友，小山雀看懂啦，就当起“翻译”
lái yī shēng cháng jǐng lù zài pī píng nín ne tā shuō tā bó gěng
来：“医生，长颈鹿在批评您呢！她说，她脖颈
nà me cháng xuè yā yào shi bú gòu gāo de huà xuè yè jiù sòng bú dào
那么长，血压要是不够高的话，血液就送不到
nǎo dai lǐ lái le zuò wéi yī shēng nín zěn me lián zhè diǎn cháng shí yě
脑袋里来了。作为医生，您怎么连这点常识也
bù dǒng ne
不懂呢？”

cháng jǐng lù suī shì gè yǎ ba ěr duo què hěn líng mǐn tā tīng
长颈鹿虽是个哑巴，耳朵却很灵敏，她听
xiǎo shān què shuō chū le zì jǐ de xīn lǐ huà jiù bèi zhuǎn shēn téng yún
小山雀说出了自己的心里话，就背转身，腾云
jià wù shì de pǎo zǒu le xiǎo shān què yě gēn zhe fēi pǎo le
驾雾似的跑走了。小山雀也跟着飞跑了。

hēi fāng fang wú chù chū qì hěn hěn de duò le duò jiǎo
“嘿——”方方无处出气，狠狠地跺了跺脚，
zhè yí duò jiǎo yòu rě chū huò lái la nǐ qiáo bei bù zhī bǎ shuí
这一跺脚，又惹出祸来啦——你瞧呗，不知把谁
de wěi ba cǎi duàn le nà duàn duàn wěi ba zhèng zài fāng fang jiǎo biān yí
的尾巴踩断了，那段断尾巴，正在方方脚边一
bèng yí bèng de niǔ dòng
蹦一蹦地扭动。

“喂——谁的尾巴掉啦！”方方小心地捡起尾巴，消了毒，大声喊。他喊了好一阵，石缝里才钻出一条断尾巴的小蜥蜴来。

方方忙道歉：“小蜥蜴，真对不起，我可不是故意踩你的尾巴的。”

“哎哟，原来是您呀，”只见小蜥蜴松了口气，也有点不好意思地说，“刚才……刚才我还以为您是坏蛋呢。我一害怕，就把尾巴甩掉啦。这是我自己不好，怎么能怪您呢？”

“哎，可你断了尾巴，你妈妈见了，该多心疼啊。”方方安慰小蜥蜴说，“不过你别着急，我是医生，我会做外科手术，让我来替你把尾巴接起来吧。”

“不，不，不用了，那怪麻烦的，尾巴掉了没关系，过几天，我自己会长出新尾巴来的。”小蜥蜴连连摆手，扭头一蹿，又钻进石缝里去了。

方方捏着尾巴，正不知道怎么办才好。

“咯咯咯咯……”忽然，身后传来一阵笑声，方方闻声转过脸，只见一只小青蛙，蹲在石头上，正朝自己眨巴着大眼睛。

这双突出的大眼睛引起了方方的注意：“小青蛙，你眼球突出得那样厉害，该不是近视眼吧？”说着，他拿出一张视力表，挂在树干上，替小青蛙检查起视力来。

视力表上尽是些大大小小的字母E，有的朝上，有的朝下，有的向左，有的向右。方方先让小青蛙站在6米远的地方看，小青蛙喊看不见。一来二去，小青蛙离视力表的距离越来越近。最后，鼻子尖都快贴到表上了。可小青蛙呢，还是一个劲儿地摇头，连最大的E也辨不清。

方方只好说：“小青蛙，你果真是个深度近视眼哪，照书上的说法，最好配一副眼镜……”

fāng fang de huà hái wèi shuō wán hū rán yǒu yì zhī wén zi fēi guò
方方的话还未说完，忽然有一只蚊子飞过
lái hái méi fēi dào xiǎo qīng wā shēn biān ne zhǐ jiàn tā zòng shēn yí yuè
来，还没飞到小青蛙身边呢，只见他纵身一跃，
tǔ chū cháng cháng de shé tou sōu de yì shēng mìng zhòng mù biāo wén zi
吐出长长的舌头，嗖的一声，命中目标。蚊子
hái bù zhī fā shēng le shén me shì li jiù bèi xiǎo qīng wā yì kǒu tūn jìn
还不知发生了什么事哩，就被小青蛙一口吞进
dù lǐ qù le
肚里去了。

xiǎng bu dào xiǎo qīng wā zhuō wén zi jìng zhè me lì hai fāng fang bù
想不到小青蛙捉蚊子竟这么厉害，方方不
jīn kàn dāi le tā chī jīng de wèn yí dǒu dà de zì guà zài qiáng
禁看呆了。他吃惊地问：“咦，斗大的字挂在墙
shàng nǐ hǎn kàn bú jiàn yì zhī wén zi fēi de yòu jí yòu kuài zěn
上，你喊看不见；一只蚊子，飞得又急又快，怎
me jiù táo bú guò nǐ de yǎn jing ne
么就逃不过你的眼睛呢？”

xiǎo qīng wā gē gē de xiào zhe shuō zhè yǒu shén me dà jīng xiǎo
小青蛙咯咯地笑着说：“这有什么大惊小

怪的，我的眼睛生来就是这样，凡是动的东西，我都能看得一清二楚；凡是不动的东西，对不起，那我就看不见啦。”

这时候，又有几只蚊子远远飞向草丛，小青蛙说声“再见”，然后一跳一跳的，跳进草丛去了。

方方扫兴地背起出诊箱，只好继续朝前走去。走着走着，咦，前面有个黄土堆怎么动起来了？再一看，噢，原来是骆驼刚才趴在地上休息，这会儿站起来了。方方见是骆驼，脸上又露出了笑容。他想，这一次我再不会弄错了，你瞧吧，骆驼身上的毛，东一疙瘩，西一疙瘩，像个癞痢头似的，那准是得了皮肤病啦。

方方摆出一副医生的架子，批评骆驼说：“你自己看看，多不卫生呀！赶快去洗澡，让我替你抹点儿药，要不，你这身皮毛可就全完啦。”

luò tuo què xiàng méi shìr shì de háo bú zài hu de shuō yī
骆驼却像没事儿似的，毫不在乎地说：“医
shēng xiè xie nǐ tiān rè la zhè máo yào diào jiù ràng tā diào ba diào
生，谢谢你，天热啦，这毛要掉，就让它掉吧，掉
guāng le xià tiān cái liáng kuai ne
光了，夏天才凉快呢！”

nà tiān zài lěng le zěn me bàn
“那……天再冷了怎么办？”

tiān lěng le xīn de máo jiù yòu zhǎng chū lái le bei
“天冷了，新的毛就又长出来了呗。”

fāng fang hái xiǎng zài shuō shén me ne hū rán xióng māo la hé mǎ
方方还想再说什么呢，忽然，熊猫啦、河马
la líng yáng la méi huā lù la hái yǒu xiǎo bái tù hé xiǎo hóu zi
啦、羚羊啦、梅花鹿啦，还有小白兔和小猴子，
bù zhī zěn me gǎo de yí xià quán bèng ya tiào de wéi le shàng lái yuán
不知怎么搞的，一下全蹦呀跳地围了上来。原
lái dà jiā dōu xiǎng qīn yǎn kàn yi kàn zhè ge zhuān gěi méi bìng de rén zhì
来，大家都想亲眼看一看这个专给没病的人治
bìng de guài yī shēng li
病的怪医生哩。

táo qì de xiǎo bái tù gù yì zhuō nòng fāng fang yī shēng kuài gěi
淘气的小白兔故意捉弄方方：“医生，快给
wǒ pèi píng yǎn yào shuǐ ba nǐ qiáo wǒ dé le hóng yǎn bìng la
我配瓶眼药水吧，你瞧，我得了红眼病啦。”

xiǎo hóu zi juē qǐ pì gu shuō yī shēng hái shi xiān gěi wǒ zhè
小猴子撅起屁股说：“医生，还是先给我这
hóng pì gu shàng diǎn yào ba
红屁股上点药吧。”

fāng fang zhèng jiǒng de huāng li hū rán hòu miàn yǒu rén hǎn dào
方方正窘得慌哩，忽然后面有人喊道：
wèi nǐ zhè ge fāng fang ya wǒ zǒng suàn bǎ nǐ zhǎo dào le
“喂，你这个方方呀，我总算把你找到了！”

机器人方方回头一看，原来是黄大夫带着一群红领巾找他来了，便乖乖地跟着他们回了家。

方方老老实实地向黄大夫汇报了出诊的经过，红领巾们听了，一个个笑得前仰后合。可是，机器人方方却还在委屈地嘟哝着：“我不是全照书上说的去做的吗？”

黄大夫严肃地说：“哼，你以为光会背书就能当好医生了？笑话！光会照搬书本的人，无论干什么事情，都会一败涂地的！”

方方惭愧地低下了头。

黄大夫又指了指桌上的一张设计图说：“这是我刚设计好的无线电微型收发装置，我要在三天内给你装好，那时，无论你到哪儿出诊，我就是坐在家里，也能随时知道你的行踪，指挥你的行动啦。”

“真的？那可太好了！”方方高兴得跳了起来。

科学真奇妙

自然界中危险无处不在，动物为了自我保护，慢慢会具备给自己“治病”的本领。有一种野兔会给自己“包扎”伤口。它们一旦遭受外伤流血，就会想方设法找到蜘蛛网，将其缠绕在伤口上，因为蜘蛛网有止血消炎的功效。大熊猫患了胃炎腹泻不止时，就会寻找一些鲜嫩的青草吃，吃完大吐不止。以吐治泻是大熊猫治肠胃病的有效疗法。獾发现自己的孩子得了皮肤病，就会带着小獾去温泉洗澡，皮肤病不久就会痊愈。

mão tóu yīng hé tā de xué shēng
猫头鹰和他的学生

sēn lín xiǎo xué lǐ māo tóu yīng zhèng zài shàng kè
森林小学里，猫头鹰正在上课。

xiǎo bái tù xiǎo hóu zi xiǎo sōng shǔ dōu shì tā de xué shēng zhè tiān jiǎng de shì zhí wù de gēn jīng guǒ shí
小白兔、小猴子、小松鼠都是他的学生。这天，讲的是植物的根、茎、果实。

māo tóu yīng lǎo shī shuō zhǎng zài dì xià de shì zhí wù de gēn
猫头鹰老师说："长在地下的是植物的根……"

xiǎo bái tù chā zuǐ shuō zhī dào la zhī dào la hú luó bo jiù shì zhí wù de gēn wǒ zuì xǐ huan chī hú luó bo le shuō wán
小白兔插嘴说："知道啦，知道啦，胡萝卜就是植物的根，我最喜欢吃胡萝卜了。"说完，

tā jiù kàn qǐ xiǎo rén shū lái
他就看起小人书来。

māo tóu yīng lǎo shī yòu shuō zhǎng zài dì miàn shàng de shì zhí wù
猫头鹰老师又说：“长在地面上的是植物
de jīng
的茎……”

xiǎo hóu zi yě chā zuǐ le míng bai la míng bai la gān zhe
小猴子也插嘴了：“明白啦，明白啦，甘蔗
jiù shì zhí wù de jīng chī gān zhe shù wǒ zuì nèi háng shuō wán tā
就是植物的茎，吃甘蔗数我最内行。”说完，他
jiù dǎ qǐ kē shuì lái
就打起瞌睡来。

māo tóu yīng lǎo shī zuì hòu shuō zhí wù de guǒ shí guà zài kōng
猫头鹰老师最后说：“植物的果实挂在空
zhōng zhè yì huí lián xiǎo sōng shǔ yě rěn bú zhù le wǒ dǒng
中……”这一回，连小松鼠也忍不住了：“我懂
la wǒ dǒng la sōng qiú jiù shì zhí wù de guǒ shí zhè zuì hé wǒ
啦，我懂啦，松球就是植物的果实。这最合我
de wèi kǒu shuō wán tā shuā yí xià tiào dào chuāng wài táo xué le
的胃口。”说完，他唰一下跳到窗外，逃学了。

xià kè hòu māo tóu yīng bǎ sān gè xué shēng jiào dào zì jǐ shēn biān
下课后，猫头鹰把三个学生叫到自己身边。
tā méi yǒu zhí jiē pī píng tā men ér shì dài lǐng tā men lái dào yě wài
他没有直接批评他们，而是带领他们来到野外，
zhǎo lái le bí qi la shān yù la huā shēng la hái wā le yì gēn bái
找来了荸荠啦，山芋啦，花生啦，还挖了一根白
bái pàng pàng de ǒu māo tóu yīng lǎo shī zhǐ zhe zhè xiē dōng xi wèn zì
白胖胖的藕。猫头鹰老师指着这些东西，问自
jǐ de xué shēng nǐ men shuō zhè xiē shì zhí wù de gēn ne jīng ne
己的学生：“你们说，这些是植物的根呢、茎呢，
hái shi guǒ shí ne
还是果实呢？”

yí xià zi sān gè xué shēng quán lèng zhù le
一下子，三个学生全愣住了。

xiǎo bái tù ào sàng de zhí yǎo zuǐ chún jié guǒ bǎ zuǐ chún yǎo chéng
小白兔懊丧得直咬嘴唇，结果把嘴唇咬成
le sān bàn xiǎo hóu zi jí de cóng shù shàng shuāi le xià lái bǎ pì gu
了三瓣。小猴子急得从树上摔了下来，把屁股
shuāi de tōng hóng xiǎo sōng shǔ ne yě hài xiū la tā xiǎng yòng wěi ba
摔得通红。小松鼠呢？也害羞啦，他想用尾巴
zhē zhù zì jǐ de liǎn hòu lái wěi ba bèi yuè lā yuè cháng zhì jīn tā
遮住自己的脸，后来尾巴被越拉越长，至今他
hái tuō zhe gè dà wěi ba
还拖着个大尾巴。

āi kě zhè yòu néng yuàn shuí ne shuí jiào tā men dāng chū bù hǎo
唉，可这又能怨谁呢？谁叫他们当初不好

hǎo tīng kè ne cōng míng de xiǎo péng you hái shi nǐ lái bāng tā men bǎ
好听课呢？聪明的小朋友，还是你来帮他们，把
māo tóu yīng lǎo shī tí chū de wèn tí huí dá yí xià ba
猫头鹰老师提出的问题回答一下吧。

科学真奇妙

gēn jīng yè huā guǒ shí zhǒng zi shì zhí wù de liù dà qì guān zhè
根、茎、叶、花、果实、种子是植物的六大器官，这
xiē qì guān de shēng zhǎng wèi zhì bù wán quán xiāng tóng rú zhí wù de jīng yì bān shēng zhǎng
些器官的生长位置不完全相同，如植物的茎一般生长
zài dì shàng dàn yě yǒu zhí wù yǒu dì xià jīng rú yáng cōng mǎ líng shǔ yǒu xiē
在地上，但也有植物有地下茎，如洋葱、马铃薯；有些
zhí wù de jīng yì huà chéng yè zhuàng rú xiān rén zhǎng děng yǒu xiē zhí wù de gēn huì
植物的茎异化成叶状，如仙人掌等。有些植物的根会
shēng zhǎng zài dì shàng qiě xiàng jīng rú róng shù de qì shēng gēn
生长在地上，且像茎，如榕树的气生根。

xiǎo xīng xing qǔ jīng jì

小猩猩取经记

zài yí gè sēn lín lǐ yǒu xiē dòng wù tè bié cōng míng qín láo
在一个森林里，有些动物特别聪明勤劳，
tā men xī wàng néng guò shàng hé rén lèi yí yàng de wén míng shēng huó jīng
他们希望能过上和人类一样的文明生活。经
guò dà jiā de nǔ lì sēn lín jū mín men de shēng huó yì tiān tiān hǎo qǐ
过大家的努力，森林居民们的生活一天天好起
lái le xiǎo sōng shǔ mǎi le zì xíng chē dīng líng líng zhēn shén qì
来了。小松鼠买了自行车，“丁零零”真神气！
dà hēi xióng qí zhe mó tuō chē tū tū tū hǎo wēi fēng dà xiàng kāi
大黑熊骑着摩托车，“突突突”好威风！大象开
de shì zài zhòng chē cháng jǐng lù kāi de shì chǎng péng chē
的是载重车，长颈鹿开的是敞篷车……

sēn lín lǐ chē liàng duō le xiān hè dài fu què biàn de chóu méi kǔ
森林里车辆多了，仙鹤大夫却变得愁眉苦
liǎn qǐ lái wèi shén me yuán lái zhěng gè sēn lín yī yuàn dōu kuài ràng jiāo
脸起来。为什么？原来整个森林医院都快让交
tōng shì gù zào chéng de shāng hào jǐ mǎn la
通事故造成的伤号挤满啦。

zěn me bàn ne cōng míng de xiǎo xīng xing chū le gè zhǔ yi wǒ
怎么办呢？聪明的小猩猩出了个主意：我
men qù xiàng rén lèi xué xí jiāo tōng guī zé ba yú shì dà jiā pài tā zuò
们去向人类学习交通规则吧。于是大家派他作
dài biǎo qù xiàng rén lèi qǔ jīng
代表，去向人类取经。

xiǎo xīng xing qǔ jīng kě rèn zhēn la huí dào sēn lín hòu hái bǎ
小猩猩取经可认真啦，回到森林后，还把

rén lèi de jiāo tōng guī zé biān chéng le ér gē
人类的交通规则编成了儿歌：

chē liàng yí lǜ kào yòu xíng
车辆一律靠右行，

shí zì lù kǒu dēng kàn qīng
十字路口灯看清。

lǜ dēng zǒu hóng dēng tíng
绿灯走，红灯停，

kàn jiàn huáng dēng zhǔn bèi xíng
看见黄灯准备行。

tōng guò sēn lín guǎng bō diàn tái de jiāo chàng méi jǐ tiān jiāo tōng guī zé jiù jiā yù hù xiǎo rén rén jiē zhī le
通过森林广播电台的教唱，没几天，交通规则就家喻户晓，人人皆知了。

dào le sēn lín lǐ zhèng shì shí xíng jiāo tōng guī zé de nà yì tiān
到了森林里正式实行交通规则的那一天，
yě xǔ shì còu rè nao ba shàng jiē de chē liàng hái tè bié duō li àn
也许是凑热闹吧，上街的车辆还特别多哩。按
lǐ shuō yǒu le jiāo tōng guī zé jiāo tōng zhì xù yí dìng huì biàn de hěn hǎo
理说有了交通规则，交通秩序一定会变得很好。
kě shì méi xiǎng dào zhè yì tiān fā shēng de jiāo tōng shì gù bǐ wǎng cháng hái
可是，没想到这一天发生的交通事故比往常还
yào duō jǐ bèi cháng jǐng lù de bó zi gǔ zhé le dà xiàng bèi zhuàng wāi
要多几倍。长颈鹿的脖子骨折了，大象被撞歪
le yá chǐ lián fàn dōu bù néng chī le zuì kě lián de shì xiǎo sōng shǔ
了牙齿，连饭都不能吃了。最可怜的是小松鼠，
běn lái tā nà tiáo piāo liang de dà wěi ba bái tiān kě dàng jiàng luò sǎn wǎn
本来他那条漂亮的大尾巴白天可当降落伞，晚
shang shuì jiào shí yòu kě dàng bèi zi xiàn zài què ràng chē lún yà duàn le
上睡觉时又可当被子，现在却让车轮轧断了，
pì gu hòu miàn zhǐ shèng xià yì cuō máo nán guài tā kàn zhe nà tiáo duàn wěi
屁股后面只剩下一撮毛。难怪他看着那条断尾
ba yí ge jìnr de liú lèi
巴，一个劲儿地流泪。

shì dà jiā cún xīn bù zūn shǒu jiāo tōng guī zé bú shì xiǎo xīng
是大家存心不遵守交通规则？不是，小猩
xing diào chá de hěn qīng chu zài chē huò zhōng shòu shāng de dōu shì sēn lín lǐ
猩调查得很清楚，在车祸中受伤的都是森林里
shǒu jì lǜ de hǎo gōng mín shì dà jiā bǎ jiāo tōng guī zé wàng le bú
守纪律的好公民。是大家把交通规则忘了？不
shì shì dà jiā de yǎn jing jìn shì kàn bú jiàn xìn hào dēng yě bú
是。是大家的眼睛近视，看不见信号灯？也不
shì nà jiū jìng shì zěn me huí shì ne hòu lái xì xīn de xiǎo xīng
是。那究竟是怎么回事呢？后来，细心的小猩
xing zài xiān hè dài fu de bāng zhù xià jiǎn chá le dà jiā de biàn sè néng
猩在仙鹤大夫的帮助下，检查了大家的辨色能

力，哎呀，原来森林居民中，除了猩猩和猴子，几乎大部分动物是色盲，他们根本搞不清什么是红灯，什么是绿灯和黄灯。

小猩猩难过极了，好不容易学来的先进经验不仅毫无用处，反而给大家带来了痛苦。回到家，小猩猩连饭也不想吃，蒙着被子，呜呜地哭了起来。妈妈安慰他说：“好孩子，哭有什么用？学习先进经验，可不能不动脑子地照搬哪！”小猩猩听了妈妈的话，一下就明白过来了。对呀，应该把人类的交通规则改成适合我们动物的交通规则。小猩猩想啊想，整整想了一夜，终于想出了一个好办法。

第二天，森林广播电台播送了一首新的交通规则儿歌：

车辆来往靠右行，
十字路口灯看清。

sān jiǎo zǒu fāng kuài tíng
“三角”走，“方块”停，

kàn jiàn yuán dēng zhǔn bèi xíng
看见圆灯准备行。

cóng cǐ sēn lín lǐ de jiāo tōng zhì xù jiù dà dà hǎo zhuǎn le
从此，森林里的交通秩序就大大好转了。

科学真奇妙

dà duō shù bǔ rǔ dòng wù shì sè máng yīn wèi hěn duō bǔ rǔ dòng wù dōu shì
大多数哺乳动物是色盲。因为很多哺乳动物都是

zài yè jiān huó dòng ér yè wǎn de jǐng sè shì dān diào de zhè shí de tīng jué hé xiù
在夜间活动，而夜晚的景色是单调的，这时的听觉和嗅

jué zài bǔ shí zhōng qǐ zhe hěn zhòng yào de zuò yòng shì jué de zuò yòng xiāng yìng jiù bèi
觉在捕食中起着很重要的作用，视觉的作用相应就被

ruò huà le jiù suàn shì jīng guò xùn yǎng de niú yáng mǎ gǒu māo děng yě jī
弱化了。就算是经过驯养的牛、羊、马、狗、猫等，也几

hū bù néng fēn biàn yán sè fǎn yìng dào tā men yǎn jing lǐ de sè cǎi zhǐ yǒu hēi
乎不能分辨颜色，反映到它们眼睛里的色彩，只有黑、

bái huī sān zhǒng
白、灰三种。

dì qiú de bǎ xì

地球的把戏

zài dì qiú de chì dào xiàn shàng zài fěi cuì bān de tài píng yáng dōng

在地球的赤道线上，在翡翠般的太平洋东

bù yǒu yí gè jiā lā pà gē sī qún dǎo zhè shì gè tóng huà bān měi

部，有一个加拉帕戈斯群岛，这是个童话般美

lì de shì jiè hǎo xiē zhēn qín yì shòu rú hǎi shī hǎi bào qǐ é

丽的世界。好些珍禽异兽，如海狮、海豹、企鹅，

dōu xǐ huan zài zhèr ān jū lè yè

都喜欢在这儿安居乐业。

晚上，细浪轻轻舔着海滩的时候，企鹅妈妈又在给孩子们讲古老的传说了：“在很远很远的南方，有一块奇怪的大陆，叫南极洲，那里到处都是冰雪。据说，现在找遍地球，只有在那里，才能找到我们的亲戚。”小企鹅听了，不禁出了神，忽然问道：“妈妈，冰雪是什么模样的呀？”企鹅妈妈被问住了，叹了口气说：“唉！亲戚间很久很久没来往了，冰雪究竟是什么样的我也说不上来。”

从此，小企鹅有了心事，它想：要是能和南极的亲戚通个音信，那该多好哇。

终于有一天，机会来了。一艘海洋考察船路过加拉帕戈斯群岛，船上的科学家叔叔告诉小企鹅，这条船正是开往南极的。小企鹅开心极啦，他立刻和伙伴们一起，采集了1000千克的椰子，请叔叔捎给远方的亲戚。同时，他还代表大家，写了一封热情洋溢的信。

一年以后，考察船开回来了，叔叔带回亲戚的照片，小企鹅一看，亲戚的模样原来和自己差不多，黑黑的背脊，白白的肚皮，只是个子大了点。

另外，小企鹅从照片上看到了冰雪。哈哈，这冰雪可真像浪花呀，有时是白色的，有时是蓝色的，有时还会在阳光下射出宝石样的光来，只不过浪花一刻也不肯安静，而冰雪却是凝固不动的。因此，一座座冰山就像晶莹剔透的冰晶宫一样美。

叔叔还给了小企鹅一封回信，信上写道：“送来的椰子收到了，我们经过开会研究，决定把这份珍贵的礼物平分给今年刚出生的小娃娃们，平均每人得5千克。一共给了201个娃娃，你们送来的椰子不是1000千克，而是1005千克。

为了表示谢意，我们也晒制了1005千克磷虾干，作为回赠的礼品。”

一箱一箱的磷虾干从船上搬下来，可一过磅，正好1000千克。奇怪，这是怎么回事呢？科学家叔叔笑着说：“这是因为地球一刻不停地沿着赤道方向旋转，日久天长，就使地球渐渐变成个扁球，因此极点的地球半径比赤道的半径小。再说，旋转又使赤道上产生离心力，因此，把1000千克物体从赤道搬到南极，重量就会增加5千克左右……”

小企鹅恍然大悟地说：“哦，原来是地球玩的把戏呀！”

科学真奇妙

世界上绝大多数企鹅都生活在南极地区。唯一生活在赤道地区的企鹅叫作加拉帕戈斯企鹅，这些企鹅只有大约49厘米高，2.5千克重。虽然加拉帕戈斯群岛四季如春，但对这里的企鹅来说还是有点热，所以它们大多数时间都靠浸泡在水中纳凉，只有到了晚上才回到陆地上休息。

māo zhēn tàn pò àn
猫侦探破案

yǒu yì zhī táo qì de xiǎo māo kàn le jǐ běn zhēn tàn xiǎo shuō
有一只淘气的小猫，看了几本侦探小说，
jiù mèng xiǎng dāng zhēn tàn tā dài shàng dà lǐ mào zhǔ zhe sī dí kè
就梦想当侦探。他戴上大礼帽，拄着“斯的克”，
zhěng tiān yáo tóu huàng nǎo de chàng zhe miào wū miào wū miào wū miào
整天摇头晃脑地唱着：“妙呜妙呜妙呜妙，
miào wū miào zhè shì māo huà fān yì chū lái yì si jiù
妙……呜妙……”这是猫话，翻译出来，意思就
shì wǒ ya shì gè dà zhēn tàn huài dàn yí jiàn tuǐ fā ruǎn
是：“我呀是个大侦探，坏蛋一见腿发软……”
kě shì pò àn nǎ xiàng chàng gē nà me róng yì ne nǐ qiáo dāng tā
可是，破案哪像唱歌那么容易呢？你瞧，当他
lái dào fēng guāng xiù lì de xī shā qún dǎo dì yī tiān jiù chū yáng xiàng la
来到风光秀丽的西沙群岛，第一天就出洋相啦。

nà shì wǔ yuè chū de yì tiān zǎo chen māo zhēn tàn zhèng zài dà hǎi
那是五月初的一天早晨，猫侦探正在大海
biān sàn bù hū rán tā kàn jiàn dì shàng yǒu yì zhǒng qí guài de jiǎo yìn
边散步。忽然，他看见地上有一种奇怪的脚印，
zhè jì bú shì niú yáng děng jiā chù de tí yìn yě bú shì jī yā děng
这既不是牛、羊等家畜的蹄印，也不是鸡、鸭等
jiā qín de zhuǎ yìn ér yǒu diǎn xiàng tuō lā jī kāi guo hòu liú xià de lǚ
家禽的爪印，而有点像拖拉机开过后留下的履
dài hén wān wān qū qū chéng le gè dà yì tóu jìn mò zài dà hǎi
带痕，弯弯曲曲成了个大“S”，一头浸没在大海
lǐ lìng yì tóu lián zhe gè xiǎo xiǎo de shā bāo fēng yì chuī shā bāo
里，另一头连着个小小的沙包。风一吹，沙包

lǐ hái tòu chū yì gǔ xīng wèi
里还透出一股腥味。
māo zhēn tàn xiǎng shū shàng shuō
猫侦探想，书上说
guo jiǎo yìn shì pò àn de
过，脚印是破案的
yì zhǒng zhòng yào xiàn suǒ ràng
一种重要线索，让
wǒ zǐ xì qiáo zhe diǎn ba
我仔细瞧着点吧。
yú shì tā bō kāi shā bāo
于是，他拨开沙包
yí kàn xià miàn jìng mái zhe
一看，下面竟埋着
bǎi bǎ gè bǐ pīng pāng qiú shāo
百把个比乒乓球稍
wēi dà yì diǎn de yuán liū liū bái shēng shēng de dàn yòng shǒu zhǐ yí
微大一点的、圆溜溜、白生生的蛋，用手指一
àn ké shì ruǎn de hái yǒu tán xìng ne
按，壳是软的，还有弹性呢！

zhè xiē dàn de mā ma shì shuí ne tā gàn má bù lái fū zì jǐ
这些蛋的妈妈是谁呢？她干吗不来孵自己
de hái zi ne hái yǒu zhè xiē dàn shì shuí cáng zài shā lǐ de lǚ
的孩子呢？还有，这些蛋是谁藏在沙里的？履
dài hén yí yàng de jiǎo yìn yòu shì shuí liú xià de ne bié kàn zhè xiē wèn
带痕一样的脚印又是谁留下的呢？别看这些问
tí xiàng yì tuán lǐ bù chū tóu xù de luàn má kě māo zhēn tàn yì pāi nǎo
题像一团理不出头绪的乱麻，可猫侦探一拍脑
mén jiù xīng fèn de shǒu wǔ zú dǎo qǐ lái hng wǒ yì yǎn jiù kàn
门，就兴奋得手舞足蹈起来：“哼，我一眼就看
chū lái le zhè shì móu shā àn zhèng zài fū dàn de mā ma shì bèi xiōng
出来了，这是谋杀案：正在孵蛋的妈妈，是被凶

shǒu tuō dào hǎi lǐ yān sǐ de yīn cǐ hǎi tān shàng liú xià le qí guài
手拖到海里淹死的，因此，海滩上留下了奇怪
de lǚ dài hén ér xiōng shǒu de zú jì bèi yǎn gài le hǎo zài xiōng
的‘履带痕’，而凶手的足迹被掩盖了。好在凶
shǒu hái lái bu jí bǎ dàn zhuǎn yí wǒ jiù lái gè fàng cháng xiàn diào dà yú
手还来不及把蛋转移，我就来个放长线钓大鱼
ba
吧……”

yú shì māo zhēn tàn xùn sù de huī fù le xiàn chǎng rán hòu zòng
于是，猫侦探迅速地恢复了现场，然后纵
shēn yí yuè fú zài gāo gāo de yē zi shù shàng
身一跃，伏在高高的椰子树上。

yì zhuǎn yǎn tiān hēi le xīng xing liàng le wǎn fēng qīng qīng de chuī
一转眼，天黑了，星星亮了，晚风轻轻地吹
zhe dà hǎi nán nán de
着，大海喃喃地
hēng zhe xiǎo dǎo zhěn zhe
哼着，小岛枕着
wàn qǐng yín bō yáo
万顷银波，摇
wa yáo wa fǎng fú
哇，摇哇，仿佛
yǐ jìn rù mèng xiāng
已进入梦乡。

hū rán māo zhēn tàn kàn
忽然，猫侦探看
jiàn yí gè hēi yǐng guǐ
见一个黑影鬼
guǐ suì suì de cóng hǎi
鬼祟祟地从海
lǐ pá shàng àn lái
里爬上岸来。

yā nà shì zhī shēn cháng mǐ zuǒ yòu de dà hǎi guī qiáo nà chén diàn
呀！那是只身长1米左右的大海龟。瞧那沉甸
diàn de bù fá hēi zhì shǎo yǒu qiān kè zhòng li dà hǎi guī shēn
甸的步伐，嘿，至少有100千克重哩。大海龟深
gēng bàn yè lái gàn shén me nán dào shì xiōng shǒu kě shì dà hǎi guī méi
更半夜来干什么？难道是凶手？可是大海龟没
pá duō shao lù jiù tíng xià jiǎo zài dì shàng wā le gè kēng rán hòu pā
爬多少路就停下脚，在地上挖了个坑，然后趴
zài kēng shàng yí dòng yě bú dòng jiù xiàng sǐ le yì bān
在坑上一动也不动，就像死了一般。

māo zhēn tàn jí le sōu de yí xià cuān dào hǎi guī gēn qián dà
猫侦探急了，嗖的一下，蹿到海龟跟前，大

hè yì shēng gàn shén me de
喝一声："干什么的？"

hǎi guī méi yán yǔ dàn yǎn jiǎo diào xià dà kē de lèi zhū
海龟没言语，但眼角掉下大颗的泪珠。

bié zhuāng la māo zhēn tàn chōu chū yí fù liàng zhēng zhēng de shǒu
"别装啦！"猫侦探抽出一副亮铮铮的手

kào yán lì de shuō kū yǒu shén me yòng kuài gēn wǒ zǒu yí tàng ba
铐，严厉地说，"哭有什么用？快跟我走一趟吧！"

hǎi guī bù kū le dàn zhǎ ba zhe yǎn pí hǎo xiàng gēn běn méi
海龟不哭了，但眨巴着眼皮，好像根本没

bǎ māo zhēn tàn fàng zài yǎn lǐ
把猫侦探放在眼里。

māo zhēn tàn huǒ le kě zuì fàn gèr zhè me dà zěn me duì
猫侦探火了，可罪犯个儿这么大，怎么对

fu ne tā yǎn zhū zi gǔ lū lū yí zhuàn bù yí huìr xīn lǐ jiù
付呢？他眼珠子骨碌碌一转，不一会儿，心里就

yǒu le pǔ zhǐ jiàn tā jiù jìn tuō lái yì gēn shù gàn yì tóu chā zài
有了谱：只见他就近拖来一根树干，一头插在

hǎi guī de dù pí xià shù gàn xià zài diàn shàng kuài dà shí tou rán hòu
海龟的肚皮下，树干下再垫上块大石头，然后

fān shēn shàng shù jiù xiàng zá jì tuán biǎo yǎn tiào bǎn nà yàng hū de
翻身上树，就像杂技团表演"跳板"那样，呼的

yí xià tiào dào shù gàn de lìng yì tóu yí xià zi jiù bǎ hǎi guī fān
一下，跳到树干的另一头，一下子就把海龟翻

le gè dù pí cháo tiān hā zhè yì lái dà hǎi guī kě huó xiàn yǎn la
了个肚皮朝天。哈，这一来大海龟可活现眼啦，

yīn wèi hǎi guī de tóu jǐng duǎn dǐng bú dào dì miàn cū duǎn de tuǐ yě
因为海龟的头颈短，顶不到地面，粗短的腿也

shǐ bú shàng jìn yīn cǐ zhē teng le bàn tiān méi yǒu fān guò shēn lái zhǐ
使不上劲，因此折腾了半天，没有翻过身来，只

huì zài yuán dì dǎ zhuàn
会在原地打转。

māo zhēn tàn dé yì yáng yáng de shuō zhè xià nǐ gāi lǎo shi le
猫侦探得意扬扬地说："这下你该老实了

ba kě shì huà yīn wèi luò tā hū rán fā xiàn hǎi guī gāng cái pā
吧？"可是话音未落，他忽然发现，海龟刚才趴

zhe de nà ge kēng lǐ duī zhe yì wō bái shēng shēng yuán liū liū de pīng
着的那个坑里，堆着一窝白生生、圆溜溜的"乒

pāng qiú māo zhēn tàn jīng yà de wèn zhè zhè shì nǐ shēng de
乓球"。猫侦探惊讶地问："这……这是你生的？"

hǎi guī sì jiǎo cháo tiān dèng zhe yǎn jing huí dá bú shì wǒ shēng
海龟四脚朝天，瞪着眼睛回答："不是我生

de nán dào shì nǐ shēng de
的，难道是你生的？"

māo zhēn tàn hái yǒu diǎn bú xìn nà nà nǐ gāng cái wèi shén
猫侦探还有点不信："那……那你刚才为什

me zhuāng lóng zuò yǎ hòu lái yòu wèi shén me kū le ne
么装聋作哑，后来又为什么哭了呢？"

海龟说："你难道不知道？我们海龟生蛋的时候，注意力可集中啦，别说你跟我说话，就连天上打雷我都听不见哩。至于哭嘛，那也肯定是你错了，我们海龟常年生活在大海里，喝的都是咸海水，为了排泄身体里不需要的盐分，我们的眼窝下生了一对盐腺……"说着，海龟妈妈的眼腺里又分泌出一滴浓浓的液体，猫侦探用舌尖尝了尝，果然又苦又涩。咳，他这才知道，是错把海龟当坏蛋啦。于是，猫侦探赶忙帮海龟妈妈翻过身，向她做了详细的解释。

海龟妈妈听了猫侦探的话，气才消了一大半。她一边用沙把自己刚生的蛋埋起来，一边说："你这只傻猫，看来心肠倒不错，可是你没听说过吗？我们海龟从来不孵蛋，这工作世世代代都是请太阳公公代劳的。只要两个月左右，我们的孩子就会破壳而出，他们天生就会

游泳，从此吃在海洋，住在海洋，一直到他们长大后才不远万里，重新游回故乡来……你别看我们长得笨头笨脑的，但我们的家史可长啦，当世界上还没有人，还没有鸡鸭牛羊和你们猫的时候，我们的祖先早就和恐龙称兄道弟，生活在地球上啦……”

猫侦探空忙了一夜，但长了不少见识，于是他又亮开嗓子唱了起来：“妙呜妙，妙呜妙呜妙呜妙……”，这一回，他把歌词改了，唱的是：

“好人一个不冤枉，那才是个好侦探。”

科学真奇妙

每年的4至10月是海龟的繁殖季节。雌海龟每年产卵多次，每次产100枚左右的卵。夜间，雌海龟会选择坡度小、沙质松软的海滩登陆。找到合适的产卵地点后，雌海龟就会掘出一个洞穴，然后在洞穴里产卵。海龟卵呈白色，圆形，坚韧而有弹性。产完卵后，雌海龟会仔细地用后肢将周围的沙土拨回洞穴中，盖住自己的卵。海龟没有看护卵的习性。

xiǎo cū xīn dēng yuè jì
小粗心登月记

zhè lǐ fā biǎo de shì xiǎo cū xīn cóng yuè qiú shàng fā lái de yì zǔ
这里发表的是小粗心从月球上发来的一组
diàn bào tán de jìn shì tā zài yuè qiú shàng pèng dào de xī qí gǔ guài de
电报，谈的尽是他在月球上碰到的稀奇古怪的
xiàn xiàng tā wèi cǐ bǎi sī bù jiě shí fēn kǔ nǎo qīn ài de dú
现象。他为此百思不解，十分苦恼。亲爱的读
zhě nǐ néng duì zhè xiē xiàn xiàng zuò chū kē xué de jiě shì ma wǒ men
者，你能对这些现象做出科学的解释吗？我们
zài měi yì fēng diàn bào hòu miàn dōu qǐng kē xué jiā zuò le jiě dá kuài lái
在每一封电报后面都请科学家做了解答，快来
kàn kan nǐ de jiě shì tóng kē xué jiā de dá àn yí zhì ma
看看你的解释同科学家的答案一致吗？

dì yī hào diàn bào
第一号电报

jīn tiān yǔ zhòu fēi chuán píng ān de jiàng luò zài yí gè mò shēng de
今天，宇宙飞船平安地降落在一个陌生的
tiān tǐ shàng le wǒ tòu guò chuāng zi cháo wài kàn zhè shì gè hēi yǒu yǒu
天体上了。我透过窗子朝外看，这是个黑黝黝
de jì jìng ér huāng liáng de shì jiè méi yǒu shuǐ méi yǒu shù yě méi yǒu
的寂静而荒凉的世界：没有水，没有树，也没有
rén méi yǒu rèn hé shēng mìng de jì xiàng zhǐ yǒu yuǎn chù huán xíng shān de
人，没有任何生命的迹象，只有远处环形山的
cè bì zài xīng guāng xià lù chū zhēng níng de miàn mù fǎng fú suí shí huì yǒu
侧壁在星光下露出狰狞的面目，仿佛随时会有
shén me yāo guài cóng hòu miàn fēi chū lái shì de zhè yí qiè sì hū dōu
什么妖怪从后面飞出来似的。这一切，似乎都
zhèng míng wǒ yǐ dào dá mù dì dì yuè qiú le
证明，我已到达目的地——月球了。

kě shì wǒ ǒu rán tái qǐ tóu lái jìng fā xiàn yè kōng zhōng yī
可是，我偶然抬起头来，竟发现夜空中依
rán xuán guà zhe yì lún wān wān de yuè yá dāng rán cóng zhè lǐ kàn
然悬挂着一轮弯弯的“月牙”。当然，从这里看
yuè yá bǐ zài dì qiú shàng kàn yào dà de duō yě liàng de duō ér
“月牙”，比在地球上看要大得多，也亮得多，而
qiě tā hái fàng shè chū wèi lán sè de xuàn lì guāng huī wǒ bù yóu de jīng
且它还放射出蔚蓝色的绚丽光辉。我不由得惊
dāi le yuè liang jiū jìng shì zài wǒ tóu shàng ne hái shi zài wǒ jiǎo
呆了。月亮究竟是在我头上呢，还是在我脚
xià rú guǒ shì zài tóu shàng nà jiǎo xià de shì shén me tiān tǐ ne
下？如果是在头上，那脚下的是什么天体呢？
rú guǒ shì zài jiǎo xià nà tóu shàng de bù míng míng yě shì gè yuè liang ma
如果是在脚下，那头上的不明明也是个月亮吗？

解 答

小粗心脚下的是月亮，而头上的“月亮”是地球。因为地球和月亮一样，本身不发光，只能反射太阳光。因此，随着日、地、月三者相对位置的改变，月球上看到的“地相”和地球上看到的“月相”一样，会有盈亏圆缺的变化。在月球上看到的地球，约比地球上看到的月亮要大14倍，亮80倍，并且几乎静止不动地悬挂在天穹上。小粗心降落的月面朝着地球，如果降落到月球的另外半面去，将看不到美丽的地球了。

第二号电报

我看了下手表，现在是凌晨2点。我想，晚上工作当然没有白天方便。因此，我不忙着下飞船，而是养精蓄锐，先安安稳稳地睡一觉。

这一觉睡得可真过瘾。当我再睁开眼睛的时候，手表上的时针已指到12点上了。可真

guài chuāng wài yī rán shì fán xīng diǎn diǎn mò fēi shǒu biǎo huài le bǎ
怪，窗外依然是繁星点点。莫非手表坏了？把

biǎo àn zài ěr duo shàng tīng ting shǒu biǎo zǒu de hǎo hǎo de nà me
表按在耳朵上听听，手表走得好好的。那么，

shì shén me dì fang chū máo bìng le ne nán dào shuō tài yáng yě shuì zháo le
是什么地方出毛病了呢？难道说太阳也睡着了

ma
吗？

解答

地球上的昼夜变化，是地球自转造成的。地球不停地自西向东转，就让人产生了太阳东升西落的感觉。地球自转一周，产生一个昼夜。同样道理，月球上的昼夜变化，也是由月球自转造成的。月球的自转周期约为27.32天，所以月球上的一昼夜，比地球上长得多。如果小粗心了解了这些，他就不会因为短短十来个小时看不见太阳升起而大惊小怪了。

第三号电报

啊！太阳终于升起来了。

在地面上，我看过无数次的日出，可哪一次也没有这回更叫人难以忘怀。首先升起来的是日冕，它就像沸腾的炼钢炉上那股耀眼和变幻不定的气浪。接着，圆圆的“日轮”也渐渐露脸了。这里的太阳是那么亮，亮得简直叫人睁

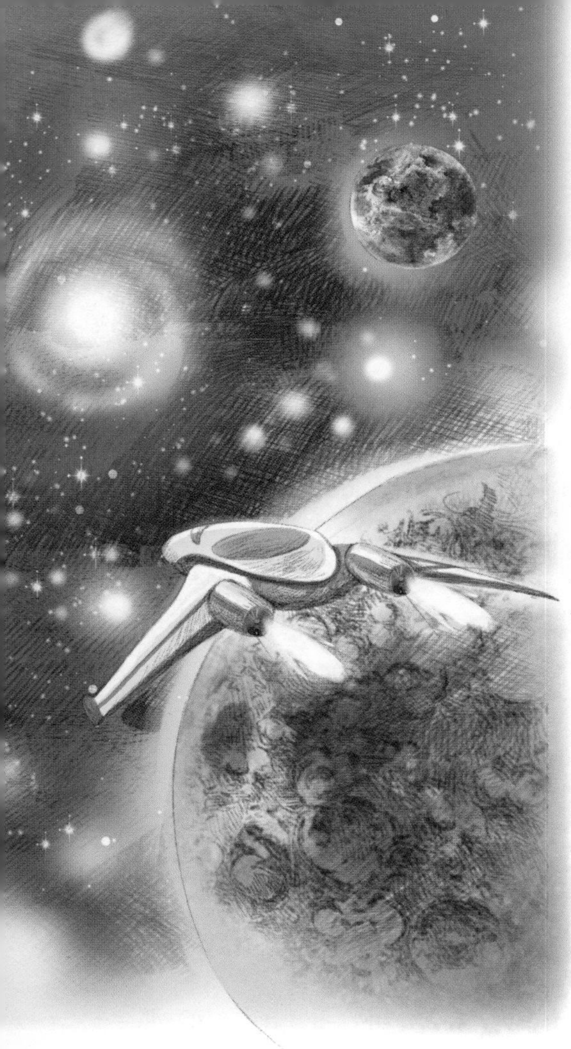

不开眼睛，我情不自禁地唱起了“东方红，太阳升……”可是，我的歌唱并没有发出声来，月球上依然是万籁俱寂、死气沉沉。同时我又起了疑心：这升起来的究竟是不是太阳呢？如果是太阳，为什么太阳升起来了，天还没有亮呢？

解 答

小粗心看到的，确确实实是月球上的日出。造成月球上日出不同于地球上日出的原因，是月球上不存在大气层。因此，在月球上也就不可能看到由大气层

fǎn shè yáng guāng suǒ chǎn shēng de nà zhǒng míng liàng de bái tiān gǎn dàn zài nà lǐ què
反射阳光所产生的那种明亮的白天感，但在那里，却
néng kàn dào tài yáng hé xīng xing tóng shí zhuì zài kōng zhōng de qí miào jǐng xiàng yóu yú yuè
能看到太阳和星星同时缀在空中的奇妙景象。由于月
qiú shàng jī hū méi yǒu kōng qì shēng yīn wú fǎ chuán bō xiǎo cū xīn de gē chàng dāng
球上几乎没有空气，声音无法传播，小粗心的歌唱当
rán fā bù chū shēng lái
然发不出声来。

dì sì hào diàn bào
第四号电报

wǒ zhōng yú bù chū fēi chuán
我终于步出飞船。

tóu yí jiàn shì dāng rán shì shēng qǐ wǔ xīng hóng qí wǒ shēn xìn
头一件事，当然是升起五星红旗。我深信，
shēng huó zài dì qiú shàng de bà ba mā ma lǎo shī tóng xué cóng diàn shì
生活在地球上的爸爸、妈妈、老师、同学从电视
lǐ kàn dào zhè yí mù de shí hou yí dìng huì xiàng wǒ rè liè zhù hè de
里看到这一幕的时候，一定会向我热烈祝贺的。
yīn cǐ wèi le biǎo shì wǒ de xiè yì wǒ yě zǎo yǐ xiǎng hǎo le yí
因此，为了表示我的谢意，我也早已想好了一
gè xīn xiān de huā yàng
个新鲜的花样。

qiáo wǒ cóng fēi chuán de rán liào xiāng lǐ chōu chū yí bù fen qīng qì
瞧，我从飞船的燃料箱里抽出一部分氢气，
chuī le gè dà dà de qīng qì qiú zhè qì qiú xià miàn hái tuō le yì tiáo
吹了个大大的氢气球，这气球下面还拖了一条
biāo yǔ shàng miàn xiě zhe xiǎo cū xīn zhōng xīn gǎn xiè dà jiā de guān huái
标语，上面写着“小粗心衷心感谢大家的关怀”。
kě shì chū hū yì liào de shì qing yòu fā shēng le zài zhè lǐ qīng qì
可是，出乎意料的事情又发生了：在这里，氢气

球竟然飞不起来！为什么呢？

解答

氢气球在地球上能飞起来，那是因为气球所排开的那部分空气的重量大于气球的自重，也就是说，空气对气球的浮力比气球的重量大，所以气球就飞起来了。可是在月球上，空气稀薄，空气密度简直逼近零，不可能产生托起氢气球的那种浮力。因此，氢气球在月球上是飞不起来的。

第五号电报

这里记叙的是关于引力试验的报告。

这试验很简单，我想，如果我脚下的是月球，那么由于地球的质量是月球的81倍，月球的引力只有地球的1/6。换句话说，我在月球上，体重将只有地球上的1/6，而力气却要比在地球

shàng dà bèi
上大6倍。

guǒ rán lì qi dà zhè yì diǎn bèi zhèng shí le yīn wèi wǒ háo
果然，力气大这一点被证实了。因为我毫

bú fèi lì jiù cóng fēi chuán shàng bān xià yí zuò jù dà de tiān píng zhè
不费力就从飞船上搬下一座巨大的天平。这

tiān píng de dì miàn zhòng liàng dá qiān kè wǒ rú guǒ néng zài dì qiú
天平的地面重量达175千克，我如果能在地球

shàng bǎ tā káng qǐ lái nà bù chéng le dà lì shì ma kě shì
上把它扛起来，那不成了“大力士”吗？可是，

tǐ zhòng jiǎn qīng zhè yì diǎn què bèi wú qíng de fǒu dìng le yīn wèi wǒ
体重减轻这一点，却被无情地否定了。因为我

wú lùn zài tiān píng nǎ yì biān chēng wǒ de tǐ zhòng hái shi yì jīn yì liǎng
无论在天平哪一边称，我的体重还是一斤一两

dōu wèi jiǎn shǎo zǒng bú jiàn dé zài yǔ zhòu háng xíng zhōng wǒ xiàng chuī qì
都未减少。总不见得在宇宙航行中，我像吹气

shì de pàng qǐ lái tǐ zhòng yí xià zi zēng jiā le bèi bù zhè yàng
似的胖起来，体重一下子增加了6倍。不，这样
de shì qing zěn me kě néng ne
的事情怎么可能呢？

解 答

rén zài yuè miàn shàng de tǐ zhòng què shí zhǐ yǒu dì miàn tǐ zhòng de zuǒ yòu
人在月面上的体重确实只有地面体重的1/6左右。
dàn shì yòng tiān píng shì chēng bù chū lái de yīn wèi fǎ mǎ zài yuè qiú shàng de zhòng liàng
但是用天平是称不出来的，因为砝码在月球上的重量

yě zhǐ yǒu dì miàn zhòng liàng de xiǎo cū xīn rú guǒ néng xiǎng dào zhè yì diǎn tā
也只有地面重量的1/6。小粗心如果能想到这一点，他
jiù yīng gāi yòng tán huáng chèng lái chēng rú guǒ néng yòng tán huáng chèng lái chēng tā jiù
就应该用弹簧秤来称。如果能用弹簧秤来称，他就
néng zhèng míng zì jǐ dí què zhàn zài yuè qiú shàng le
能证明自己的确站在月球上了。

dì liù hào diàn bào

第六号电报

dāng rán wǒ yě méi wàng jì zuò dì zhì kǎo chá
当然，我也没忘记做“地质”考察。

wǒ dài zhe zhǐ nán zhēn lí kāi fēi chuán xiān shì wǎng nán zǒu jiē
我带着指南针离开飞船，先是往南走，接
zhe yòu wǎng xī guǎi kě shì sān zhuàn liǎng zhuàn wǒ fā xiàn zì jǐ yǐ wán
着又往西拐。可是三转两转，我发现自己已完
quán mí lù le zhè yì huí jué bú shì wǒ cū xīn dà yì suǒ zhì wǒ
全迷路了，这一回绝不是我粗心大意所致，我
gǎn dān bǎo nà zhǔn shì zhǐ nán zhēn chū le máo bìng kě shì zhǐ nán
敢担保，那准是指南针出了毛病。可是，指南
zhēn wèi shén me huì chū máo bìng ne mò fēi zhè xīng qiú shàng dào chù dōu mái
针为什么会出毛病呢？莫非这星球上到处都埋
cáng zhe jù dà de cí tiě kuàng ma
藏着巨大的磁铁矿吗？

解答

yuè qiú shàng bù kě néng xiàng dì qiú shàng nà yàng cáng zhe dà liàng de tiě yuán sù
月球上不可能像地球上那样藏着大量的铁元素，
yīn wèi yuè qiú de píng jūn mì dù zhǐ yǒu měi lì fāng lí mǐ kè bǐ dì qiú de
因为月球的平均密度只有每立方厘米3.34克，比地球的

píng jūn mì dù xiǎo de duō ér qiě dēng yuè kǎo chá zǎo yǐ chá míng yuè qiú shàng de
平均密度小得多。而且登月考察早已查明，月球上的
cí chǎng qiáng dù bù jí dì qiú cí chǎng qiáng dù de zhè yàng wēi ruò de cí
磁场强度不及地球磁场强度的1/1000。这样微弱的磁
chǎng dāng rán bù kě néng duì xiǎo cū xīn de zhǐ nán zhēn fā shēng zuò yòng
场当然不可能对小粗心的指南针发生作用。

dì qī hào diàn bào
第七号电报

wǒ kào xīng xing zhǐ lù zǒng suàn huí dào le fēi chuán shàng kě
我靠星星指路，总算回到了飞船上。可
shì huò bù dān xíng yě xǔ gāng cái chōu qīng qì shí kāi guān wèi nǐng jǐn
是，祸不单行，也许刚才抽氢气时开关未拧紧
ba wǒ fā xiàn shèng xià de rán liào yǐ bù duō le
吧，我发现剩下的燃料已不多了。

wǒ kāi dòng diàn
我开动电
zi jì suàn jī zuò le
子计算机做了
fān jǐn zhāng de jì suàn
番紧张的计算，
jié guǒ zhèng míng shèng
结果证明，剩
xià de rán liào zuì duō
下的燃料最多
zhǐ néng shǐ fēi chuán dá
只能使飞船达
dào měi miǎo qiān mǐ
到每秒2.4千米
de sù dù zhè zhēn shì
的速度，这真是

糟糕透顶，因为我记得很清楚，第一宇宙速度是每秒7.9千米，它只能保证飞船飞进轨道；若想进一步飞出轨道，飞船就需要达到第二宇宙速度，即每秒11.2千米。而现在我的飞船所能达到最快的速度也只有每秒2.4千米了。

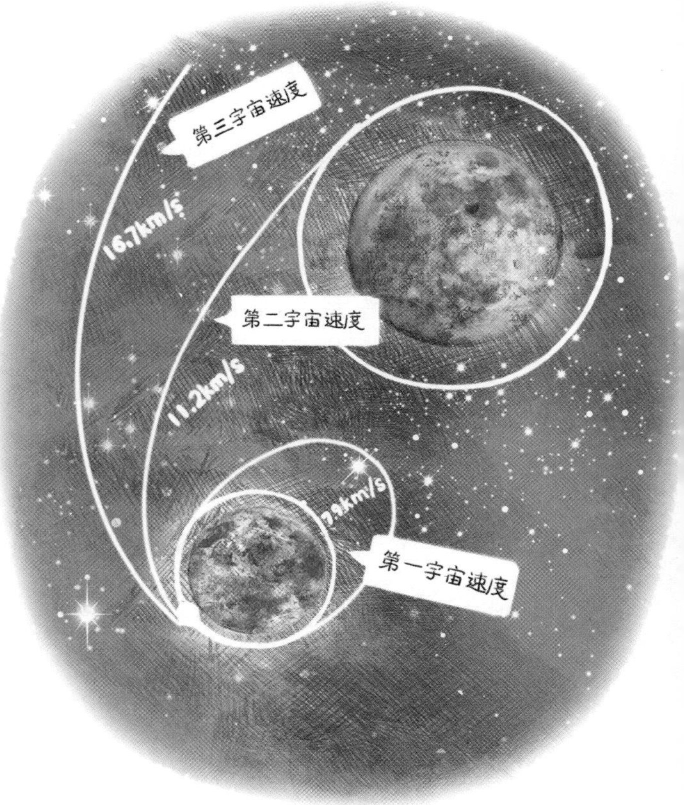

解答

小粗心所记得的第一宇宙速度、第二宇宙速度，都是相对于地球而说的。月球的引力既然比地球小，飞

chuán tuō lí yuè qiú xū yào de sù dù yě kě yǐ xiǎo xiē tōng guò jì suàn kě yǐ zhèng
船脱离月球需要的速度也可以小些。通过计算可以证
míng rú guǒ fēi chuán néng dá dào měi miǎo qiān mǐ de sù dù tā jiù néng fēi chū
明，如果飞船能达到每秒2.4千米的速度，它就能飞出
yuè qiú fǎn huí dì qiú yīn cǐ xiǎo cū xīn háo wú jīng huāng shī cuò de bì yào
月球，返回地球。因此，小粗心毫无惊慌失措的必要。
zhǐ yào lěng jìng tā shì wán quán kě yǐ jià qǐ fēi chuán zì jǐ fēi huí dì qiú lái de
只要冷静，他是完全可以驾起飞船，自己飞回地球来的。

qīn ài de dú zhě rú guǒ nǐ yě xiǎng yǒu zhāo yí rì néng fēi chū dì miàn qù
亲爱的读者，如果你也想有朝一日能飞出地面去
yuè qiú nà nǐ jiù jì zhù xiǎo cū xīn de jiào xùn zhì shǎo cóng xiàn zài qǐ zuò hǎo zhǔn
月球，那你就记住小粗心的教训，至少从现在起做好准
bèi xiān bǎ guān yú yǔ zhòu fēi xíng de jī běn lǐ lùn gǎo qīng chu hái yào bǎ yuè miàn
备，先把关于宇宙飞行的基本理论搞清楚，还要把月面
zhī shi zhǎng wò hǎo nǔ lì ba wèi lái de yǔ zhòu fēi xíng yuán
知识掌握好。努力吧，未来的宇宙飞行员！

xiǎo cū xīn yóu huǒ xīng
小粗心游火星

qīn ài de dú zhě nǐ hái jì de xiǎo cū xīn ma dāng chū tā
亲爱的读者，你还记得小粗心吗？当初他
dēng shàng yuè qiú yóu yú cū xīn dà yì ér nào chū le xǔ duō xiào huà
登上月球，由于粗心大意而闹出了许多笑话。
hòu lái xiǎo cū xīn yòu dào nǎ lǐ qù le ne qiáo zhè cì tā dào huǒ
后来，小粗心又到哪里去了呢？瞧，这次他到火
xīng shàng qù le xià miàn jiù shì tā cóng huǒ xīng shàng fā lái de zuì xīn
星上去了。下面，就是他从火星上发来的最新
bào gào
报告。

第一号电报

我离开月球已300多天了。飞船正向着星际航行的下一站——火星，疾驰而去。

刚才，我不知不觉地打了个盹，忽然感到身体微微一震，睁眼一看，原来飞船已平安降落了。我隔着飞船的窗，对这陌生的星球望去，初次的印象使我不由得一愣。这是一个寂静而荒凉的世界，没有水，没有树，也没有生命的迹象，只有远处环形山的侧壁在星光下露出狰狞的面目，仿佛随时会有什么怪物从后面飞出来……这一切同月球上的景观多像啊！现在我究竟是在火星上，还是由于某种令人费解的原因，又回到月球上来了呢？

我知道，火星有两个卫星，如果脚下是火星的话，我将能在天上同时看到两个“月亮”；而在月球上，我只能在天上找到一个比月球大

de duō de lán yuè liang dì qiú kě shì xiàn zài wǒ zài tiān
得多的“蓝月亮”——地球。可是现在，我在天
shàng yuè zhǎo yuè hú tu le yīn wèi tiān shàng jū rán lián yí gè néng biàn
上越找越糊涂了。因为天上居然连一个能辨
qīng wèi xiàng de tiān tǐ yě méi yǒu zāo gāo wǒ de fēi chuán jiū jìng shì
清位相的天体也没有！糟糕，我的飞船究竟是
zài nǎ lǐ dēng lù le ne
在哪里登陆了呢？

解 答

小粗心确实是在火星上登陆了。

火星是太阳系里和地球共同点最多的一颗行星，它不仅有大气，而且还有一年四季的变化。因此，人们总习惯于用地球上的眼光把它描绘得过分美好，甚至认为上面居住着有智能的火星人。可是，随着科学的

飞速发展，这一切美好的愿望早已被事实所打破。因此，小粗心完全没有必要为荒凉的火星面貌而大惊小怪。事实上，月球的引力只有地球的1/6，而火星的引力却是月球引力的一倍左右。因此，小粗心只要做个简单的引力试验，就能完全区别开来。

那么，小粗心为什么看不到火星的两颗卫星呢？那是因为其中一颗卫星火卫一的半径只有11千米左右，另一颗卫星火卫二的半径更小，只有6千米左右。火星的体积是它们的200多万倍呢！因此在火星上，并不能很清晰地看到它们的位相变化。再说，火卫一跑得很快，7个多小时就能绕火星公转一周，还不及火星自转周期的三分之一。因此，在火星上看，它是西升东落逆行的。有时，一个晚上能看到它升起两次；而火卫二又跑得太慢了，一旦从东方升起，要经过60多个小时，也就是说，要等到第三天晚上，才能看到它从西方落下呢！

dì èr hào diàn bào

第二号电报

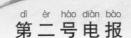

zhè lǐ de yè kōng fèn wài qíng lǎng tiān shàng yì yì de yín hé cóng
这里的夜空分外晴朗，天上熠熠的银河从
dōng běi liú xiàng xī nán héng guàn yè kōng yì zhī tiān é zhèn chì yáng
东北流向西南，横贯夜空。一只“天鹅”振翅扬
yì zài hé miàn shàng áo xiáng zài tā de běi fāng yì tiáo tiān lóng
翼，在河面上翱翔。在它的北方，一条“天龙”
wān yán ér lái bǎ dà xióng hé xiǎo xióng jīng sàn zài liǎng biān
蜿蜒而来，把“大熊”和“小熊”惊散在两边……
zhè xīng kōng hé gù xiāng xià yè de xīng kōng shì hé děng xiāng sì ya dùn
这星空，和故乡夏夜的星空是何等相似呀！顿
shí yì gǔ qiáng liè de sī xiāng qíng xù àn àn xí shàng xīn lái
时，一股强烈的思乡情绪暗暗袭上心来。

wǒ duō me xiǎng niàn wǒ de bà ba mā ma lǎo shī tóng xué ya
我多么想念我的爸爸妈妈、老师同学呀！
tā men xiàn zài zài gàn shén me ne wǒ bù yóu zì zhǔ de tiào wàng dōng fāng
他们现在在干什么呢？我不由自主地眺望东方。

zán men de dì qiú duì yú huǒ xīng lái shuō bú shì yě chéng le
咱们的地球，对于火星来说，不是也成了
nèi xíng xīng le ma wǒ xiǎng zài rì chū qián de dōng fāng yīng gāi yǒu dì
内行星了吗？我想，在日出前的东方应该有地
qiú jīn xīng shuǐ xīng sān kē nèi xíng xīng wǒ xún zhǎo le bàn tiān què
球、金星、水星三颗内行星。我寻找了半天，却
fā xiàn le sì kē zhè dì sì kē xíng xīng de wèi zhì jiù zài dì qiú páng
发现了四颗。这第四颗行星的位置就在地球旁

边，虽然亮度要暗一些，但运行速度却与其他内行星大致相等。难道说，我发现了太阳系里存在的第十颗大行星吗？

解答

由于火星和地球在同一轨道平面上绕太阳运行，它们的赤道与绕日运动轨道的交角比较接近。同时，也由于恒星离太阳的距离都遥远，与之相比，火星与地球间的距离简直微不足道。因此，如果小粗心恰巧降落在火星的北半球，降落点的纬度和故乡的纬度相差不多，那么他确实有可能发现，火星的星空和地球上故乡的星空非常相似。

不过，小粗心以为自己发现了太阳系的第十颗大行星，那高兴得未免太早了。其实，小粗心所看到的“第十颗大行星”，就是他告别不久的月球。

dì sān hào diàn bào
第三号电报

líng chén wǔ shí xù rì dōng shēng tiān kōng dà liàng wèi cǐ wǒ
凌晨五时，旭日东升，天空大亮。为此，我
de xīn jī liè de tiào dòng qǐ lái wǒ hái jì de yuè qiú méi yǒu dà qì
的心激烈地跳动起来，我还记得月球没有大气
céng jí shǐ tài yáng chū lái le tiān kōng hái shi hēi de kě shì xiàn
层，即使太阳出来了，天空还是黑的。可是现
zài wǒ zài huǒ xīng shàng zhōng yú yíng lái le fēi lí dì qiú hòu dì yī gè
在，我在火星上终于迎来了飞离地球后第一个
zhēn zhèng de bái tiān zhè shuō míng huǒ xīng què shí cún zài zhe dà qì céng
真正的白天。这说明火星确实存在着大气层！

想到这些，我怎么能不感到振奋呢？

可是，我现在的心情又分外沉重。因为天亮后，我发现我的眼睛已经坏了。现在，睁开眼睛，任何东西看起来都偏黄、偏红。脚下的浮土是红褐色的，远处的山壁是红褐色的，甚至连天空也被染上了瑰丽的粉红色。还有什么比失去敏锐的视觉更叫人心疼呢？

解答

小粗心不必担忧，他并没有患任何眼病。因为火星的表面含有大量红色的硅酸盐和氧化铁等物质，它们除了自己反射红光外，还扬起大量的尘埃，终年悬浮在火星大气层里散射日光。这就使火星的天空一年四季都偏红色。

小粗心不了解火星的这些特点，因此以为自己得了眼病。

第四号电报

我开始测量火星的大气。

火星上气压很低，不到地球上的1%。火星上的气温也很低，现在是－50℃，地球上只有两极才这么冷。最后，关于大气的成分，看来也不理想：令人窒息的二氧化碳占了95%左右，而生命所必需的氧气，连0.2%还不到呢！大气里的含水量是多少呢？火星的年降雨量又是多少呢？为了做进一步的深入考察，我从飞船上搬下了帐篷、水箱和各种仪器，准备建立一个固定的气象站。

我正在忙呢，忽然起风了。只见天边飞沙走石，扬起高高的尘埃，像千军万马，奔腾着，呼啸着，迎面压来。一转眼，遮天蔽日，笼罩了整个空间。我被迫扔下仪器，只身向飞船走去。我刚躲进飞船，大风就把帐篷、仪器吹得不知去向，甚至连一米高的水箱也被搬到200米外的一条沟壑里。唉，火星上的风暴还真厉害！

我觉得有点口渴，担心远处的水箱要被摔坏了，但风暴似乎在短期里还停不了。

解答

小粗心所测到的一系列数据，基本正确。液态的水在这样的低温低压下存在的可能性很小。火星的大气含水量极少，甚至比地球上最干燥的沙漠地带还干上100倍。因此，科学家一般认为火星上不存在液态的水，也不可能有降雨现象。小粗心迟早会发现水箱里面的水早就成为气体跑走了。小粗心误认为的暴风雨，其实是火星上特有的气象活动——尘暴。在火星上，大的尘暴每年出现一两次，尘暴发生时扬起的灰尘能蒙盖整个火星达几个月之久。至于较小的尘暴，发生的机会就更多了。

dì wǔ hào diàn bào
第五号电报

fēng bào guā le wǔ tiān wǔ yè zhōng yú tíng zhǐ le
风暴刮了五天五夜，终于停止了。

wǒ jīn tiān qù kǎo chá le huǒ xīng de jí guān zǎo zài dì qiú
我今天去考察了火星的极冠。早在地球

shàng wǒ jiù bù zhǐ yí cì qù guān chá guo tā men zhè liǎng gè jí guān
上，我就不止一次去观察过它们，这两个极冠

dōng tiān dà xià tiān xiǎo shǎn zhe yín bái sè de guāng máng tā men dà gài
冬天大夏天小，闪着银白色的光芒。它们大概

yě hé dì qiú de liǎng jí yí yàng fù gài zhe bīng xuě ba fēng bào yǐ
也和地球的两极一样，覆盖着冰雪吧。风暴以

hòu wǒ fā xiàn shuǐ xiāng lǐ de shuǐ yǐ bú yì ér fēi chèn cǐ jī huì
后，我发现水箱里的水已不翼而飞，趁此机会，

wǒ xiǎng bǎ sǔn shī diào de shuǐ bǔ huí lái
我想把损失掉的水补回来。

wǒ jià shǐ huǒ xīng kān tàn chē yì zhí xiàng běi shǐ qù guǒ rán
我驾驶火星勘探车，一直向北驶去。果然，
wěi dù yuè gāo qì wēn yuè dī hái wèi jìn běi jí juàn qì wēn yǐ
纬度越高，气温越低。还未进北极圈，气温已
jiàng dào yǐ xià la
降到－120℃以下啦！

hū rán wǒ yòu fā xiàn le lìng yí jiàn jīng rén de shì qing zài
忽然，我又发现了另一件惊人的事情。在
guā fēng bào shí wǒ méi kàn jiàn xià yǔ dàn xiàn zài què qīng qīng chǔ chǔ
刮风暴时，我没看见下雨，但现在却清清楚楚
de kàn dào bō li chuāng wài xià qǐ le é máo dà xuě
地看到，玻璃窗外下起了鹅毛大雪。

我兴奋地跳下车，啊，好一派银装素裹的北国风光，白茫茫望不到边。好半天，我才想起那只空水箱。可是，铲起雪来，要往箱里装的时候，我心里忽然又升起了一个疑团，为什么火星上的雪是干乎乎的，无论怎么搓揉也不会化成水呢？

解答

关于火星的极冠，以前人们一直以为是水、冰组成的，但是现在，人们根据最新的资料，知道了覆盖火星极冠的是固体二氧化碳，也就是干冰。在火星的大气中，二氧化碳很多。气体的二氧化碳可能因气温骤降，直接在空中化为结晶飘落下来，而这个过程，就有点像下雪。小粗心所看到的，大概就是这种“二氧化碳雪”。

第六号电报

时间过得真快，一晃9天过去了。

为了养精蓄锐，我昨晚赶回飞船，美美地睡了一觉。当我重新睁开眼睛的时候，太阳刚升起来。我习惯地看了看手表，真是不看还好，一看吓一跳。这究竟是怎么回事？红日初升，而时针却已走到中午11时了？要知道我的表是原子自动表呀，它不会受环境的干扰。那么，短短9天，在火星的同一个观察点上，日出的时间怎么会推迟6小时呢？

解 答

6小时的时差是由火星自转周期大于地球自转周期所造成的。火星的自转周期是24小时37分22.6秒，地球的自转周期是23小时56分4秒，每天相差40分钟左右，9天累积起来，就达360分钟，即6小时。也许真因为火星的昼夜变化和地球太相似了吧，小粗心才会忽略了这一点。

如果将来小粗心要再去火星，想在火星上长期居住，除了懂得火星和地球自转周期不一样外，还得知道火星公转一周约为687天，几乎相当于地球上的两年！要不，他在火星上住久了，总有一天会发现，生活在地球上的弟弟年龄比他还大。

小粗心马上就要离开火星了，可是下一站再飞向哪里，他自己现在还拿不定主意。亲爱的读者，你有什么建议吗？

科学真奇妙

火星是距离地球较近的行星之一。大约40亿年以前，火星与地球气候相似，也有河流、湖泊甚至海洋。是什么原因使得火星变成今天这副模样，人类还未揭晓这个谜题。探索使火星气候发生变化的缘由，对保护地球具有十分重要的意义。如果能在火星上寻找到曾经有过的生命化石，那就意味着只要条件许可，生命就能在更多的行星上发生。